# 中国喀斯特山区典型自然灾害致灾机制与综合风险管控

## ——以贵州省为例

ZHONGGUO KASITE SHANQU DIANXING ZIRAN ZAIHAI

ZHIZAI JIZHI YU ZONGHE FENGXIAN GUANKONG

YI GUIZHOUSHENG WEI LI

江兴元　著

重庆大学出版社

## 内容提要

本书以喀斯特山区典型的自然灾害为研究对象,以山区灾害综合防灾减灾为研究重点,深入研究了贵州省喀斯特山区综合防灾减灾的成效及存在的问题,总结和借鉴了国内外山地基层防灾减灾经验,建立了基于贵州喀斯特山区不同灾害类型的典型灾害场景和灾害演化模型,基于灾害场景提出了贵州省喀斯特山区综合防灾减灾和灾后恢复重建的主要举措,以及贵州喀斯特山区综合防灾减灾示范区建设的工程措施和非工程措施。

本书可供防灾减灾、水利水电、交通、土建、地质和地理等相关领域的科研人员、工程技术人员及高等院校相关专业师生参考,也希望对综合防灾减灾有所裨益。

**图书在版编目(CIP)数据**

中国喀斯特山区典型自然灾害致灾机制与综合风险管控:以贵州省为例/江兴元著. -- 重庆:重庆大学出版社,2024.1

ISBN 978-7-5689-4279-9

①中… Ⅱ.①江… Ⅲ.①喀斯特地区—山区—自然灾害—灾害防治—研究—贵州②喀斯特地区—山区—自然灾害—风险管理—研究—贵州 Ⅳ.①X432.73

中国国家版本馆 CIP 数据核字(2024)第 003778 号

## 中国喀斯特山区典型自然灾害致灾机制与综合风险管控
### ——以贵州省为例

江兴元 著

策划编辑:林青山

责任编辑:张红梅 版式设计:林青山
责任校对:谢 芳 责任印制:赵 晟

\*

重庆大学出版社出版发行
出版人:陈晓阳
社址:重庆市沙坪坝区大学城西路 21 号
邮编:401331
电话:(023) 88617190 88617185(中小学)
传真:(023) 88617186 88617166
网址:http://www.cqup.com.cn
邮箱:fxk@ cqup.com.cn(营销中心)
全国新华书店经销
重庆亘鑫印务有限公司印刷

\*

开本:787mm×1092mm 1/16 印张:11.25 字数:261 千
2024 年 1 月第 1 版 2024 年 1 月第 1 次印刷
ISBN 978-7-5689-4279-9 定价:79.00 元

本书如有印刷、装订等质量问题,本社负责调换

版权所有,请勿擅自翻印和用本书
制作各类出版物及配套用书,违者必究

# 前　言

中国是世界上最大的喀斯特地貌分布区之一,喀斯特地貌分布范围广泛,涵盖了广西、贵州、云南、四川、重庆、湖北、湖南和广东等八省市的连片岩溶区,碳酸盐岩出露面积为 $0.91×10^6 \sim 1.3×10^6 \ km^2$,其中广西、贵州和云南东部所占的面积最大。

贵州省位于云贵高原东部,四川盆地与桂中平原之间,属我国地势第二阶梯东部边缘的一部分,与川、湘、桂、滇、渝毗邻,地理坐标介于 $103°36' \sim 109°35'E$,$24°37' \sim 29°13'N$,土地面积 $1.762×10^5 \ km^2$。截至 2022 年底,贵州省有大约 3 856 万人,是一个以汉、苗、布依、侗族为主的 30 余个民族组成的多民族聚居的内陆山区省份,区内地貌类型主要为亚热带岩溶高原山地,气候属亚热带季风常绿阔叶林气候区,降雨丰沛,岩溶地貌组合多样,自然资源丰富。在这样复杂的岩溶山地环境下,区域内岩溶地质环境脆弱,加之不合理的人为工程活动影响,引发了较多不利于社会经济发展的岩溶地质环境和人居环境问题。2009—2019 年贵州省统计年鉴数据显示,全省各类自然灾害共造成 873 人死亡(含失踪),直接经济损失达 1 270.53 亿元,全省 88 个县区每年均会遭受不同类型自然灾害的袭扰,对于人均耕地面积不多的贵州来说,农作物受灾、绝收面积大,给区域经济发展带来了较严重的影响。

本书以贵州省喀斯特岩溶山区地质、气象、地震和火灾等典型灾害为研究对象,并介绍了岩溶区自然环境、自然资源与社会经济发展现状,较为系统地阐述了山区不同自然灾害的类型、分布、成因规律与防灾减灾现状。在此基础上,开展了典型灾害案例不同风险场景下的发展演化过程分析,从工程和非工程的角度论述了综合防灾减灾举措,并提出了喀斯特山区综合防灾减灾示范区建设规划。本书可为防灾减灾、水利水电、交通、土建、地质和地理等相关领域的科研人员、工程技术人员及高等院校相关专业师生提供参考。

本书共分六章,具体内容如下:

第 1 章　概述　阐述了喀斯特山区的基本情况,并从自然环境、自然资源和社会经济发展现状等角度分析了贵州省喀斯特山区的基本特征。

第 2 章　喀斯特山区灾害现状与综合防灾减灾分析　对贵州省喀斯特山区灾害进行划分,重点分析了地质灾害、暴雨洪涝灾害、干旱灾害、低温凝冻灾害、地震灾害和森林建筑火灾的现状,详细分析了灾害的特征和形成机制,并结合不同的灾种类型,从工程和非工程角度提出了防灾减灾举措。

第3章 喀斯特山区典型灾害场景演化分析 提出了灾害事件情景演化系统构建方法,并针对贵州省典型的崩塌滑坡地质灾害、暴雨山洪灾害和干旱灾害进行了不同工况和尺度下场景演化分析。

第4章 基于灾害场景的综合防灾减灾举措 提出了针对地质灾害、暴雨洪涝灾害、干旱灾害、低温凝冻灾害、地震灾害和火灾的单一灾种的隐患调查与识别、灾害风险评估、灾害应急响应和风险管控措施。

第5章 贵州省喀斯特山区综合防灾减灾示范区建设技术举措 提出喀斯特山区综合防灾减灾示范区建设的思路与目标,并从组织结构与保障建设、风险预防建设、监测预警预报、信息发布和应急响应等方面提出具体措施。

第6章 贵州省喀斯特山区综合防灾减灾示范区建设管理举措 从建设总则、组织领导、建设流程和日常动态管理等方面提出示范区建设管理举措,并提出贵州省喀斯特山区综合减灾示范区(县)创建标准。

本书是在 2023 年贵州省科技支撑计划(一般项目)、贵州省"十四五"应急管理规划重点研究课题(2020-8)、贵州省高位隐蔽性地质灾害隐患专业排查项目(黔府办函〔2017〕191号)、国家自然科学基金青年基金(42007271)等资助下完成的。在本书的撰写过程中,贵州省应急管理厅、贵州省自然资源厅、贵州省气象局、贵州省地震局和贵州省林业局等部门提供了相关资料和技术支持,相关专家提出了宝贵建议;课题组的吴长虹、任意、赵珍贤、孟生勇、田俊伟、王福林、吴迪、刘山东等硕士研究生也参与了大量的资料整理、野外调查和图件制作工作。因此本书凝聚了大量人员的心血,在本书完成之际,特向大家表示由衷的感谢!

由于笔者学术水平有限,书中难免有不妥之处,敬请读者批评指正!

江兴元

2023 年 5 月于贵阳

# 目　录

# 第1章 概　述

## 1.1 喀斯特山区的内涵

喀斯特即岩溶,是碳酸盐岩、石膏、岩盐等可溶性的沉积岩在流水介质的化学溶蚀、机械冲蚀、潜蚀和崩塌等综合地质作用下所产生的现象的总称。由喀斯特作用造成的地貌称为喀斯特地貌或岩溶地貌。

"喀斯特"一词原意为"岩石裸露的地方",来自地中海东北部以石灰岩为主的伊斯特拉半岛上高原的地名,此后"喀斯特"成了世界通用的专门术语,即为岩溶地貌的代称。无论是从热带到寒带,还是由大陆到海岛,世界范围内都有喀斯特地貌发育地区。例如,亚洲的中国著名的桂、黔、滇东、湘西和鄂西等地区,越南北部地区;欧洲的狄那里克阿尔卑斯山区、意大利和奥地利交界的阿尔卑斯山区、法国中央高原等地区;欧亚交界的乌拉尔山区;澳大利亚南部的努拉波尔平原;美洲地区美国的肯塔基和印第安纳州、古巴及牙买加等地均有喀斯特地貌分布。

中国历史上在晋代就有对喀斯特地貌的记载,明末徐霞客(1586—1641年)编著的《徐霞客游记》则对此地貌进行了详细的记述。中国喀斯特地貌分布广泛,面积较大,地理坐标介于97°22′~117°59′ E,21°74′~34°10′ N,东西横跨20°37′,南北纵深11°56′,境线长达6 900 km,涵盖了广西、贵州、云南、四川、重庆、湖北、湖南和广东等八省市的连片岩溶区,碳酸盐岩出露面积约$0.91×10^6 ~ 1.3×10^6$ $km^2$,尤以桂、黔和滇东喀斯特地貌分布面积最大。

中国西南喀斯特山区有46个民族在此聚居,人口约占八省市总人口的1/3。此岩溶山区整体上土壤贫瘠,且耕地偏少,少数民族聚落大部分分布在土壤沉积多且可耕作的峰丛洼地和峰林谷地。该山区地形地貌与地下溶洞发育复杂,交通等基础设施薄弱,生态环境脆弱,自然灾害频发,季节性旱涝灾害突出,土地石漠化和水土流失问题严重,重大崩塌、滑坡、泥石流等地质灾害隐患排查和治理难度大;农作物受季节影响产量不高,工农业生产力水平低,产业模式单一,商品经济发展滞后;居民文化水平偏低,自主创新创业能力缺乏。因此,岩溶区经济基础薄弱,农业经济分散,国民经济建设独特,是国家脱贫攻坚和实现乡村振兴的重点关注地区。如何通过系统的岩溶地貌与水文分布规律研究,结合生态环境建设和保护,开展天然草原恢复和草场建设,构建"山水林田湖草沙"一体化保护和修复工程格局,建设山清水秀、富裕安康的大西南,是国家实施西部大开发战略中的重大举措。

喀斯特山区典型人居环境分布特征如图1.1所示。

图1.1　喀斯特山区典型人居环境分布特征

## 1.2　贵州省喀斯特山区的基本特征

贵州省位于云贵高原东部,隆起于四川盆地与桂中平原之间,属于我国地势第二阶梯东部边缘的一部分,与川、湘、桂、滇、渝五省毗邻,地理坐标为103°36′~109°35′E,24°37′~29°13′N,土地面积为$1.762×10^5$ km²,全省人口截至2022年底约3 856万,是一个以汉、苗、布依、侗族为主的30余个民族组成的多民族聚居的内陆山区省份。区内地貌主要为亚热带岩溶高原山地,属于亚热带季风常绿阔叶林气候区,降雨丰沛,岩溶地貌组合多样,自然资源丰富,在这样的岩溶石山环境下,区域内岩溶地质环境脆弱,加之不合理的人为工程活动影响,引发了较多不利于社会经济与发展的岩溶地质环境和人居环境问题。

### 1.2.1　自然环境特征

1) 气候特征

贵州省夏无酷暑、冬无严寒,雨量充沛,气候垂直分异明显,大部分地区为典型的亚热带气候,局部具有温带和准热带气候特征。区内平均气温在12~18 ℃,多年7月最高,气温为22~25 ℃,1月最低,气温为4~6 ℃。极端高温出现在赤水地区(2011年8月18日,43.2 ℃);极端低温出现在西部威宁地区(1977年2月9日,-15 ℃)。

贵州降水量的季节变化受季风影响明显,夏季风盛行的夏半年多雨,冬季风盛行的冬半年少雨。区内降水量充沛,80%以上地区年降水量在850~1 600 mm,雨季主要集中在5—10月,阵发性降水居多,暴雨多,强度大,占全年总降水量的3/4以上。11月至翌年4月降水量偏少,多为旱季,雨季从4月到5月自东向西先后开始,雨量明显增加。各地年际间降水量的相对变率介于10%和15%之间,但月降水量年际变化可达几十倍。

全省主要有三个多雨区,分布在省西南部、东南部和东北部。其中西南部多雨区范围最大,年降雨量在1 300~1 500 mm以上,降雨中心区分布在织金、六枝、普安一带,其中晴隆县年降雨量高达1 538.3 mm,是省内降水最多的地方;东南部多雨区呈北东—南西向条带状分布,降雨中心区在独山、麻江、雷山一带,年降水量为1 300~1 400 mm,其中丹寨年降雨量可达1 451.9 mm;东北部多雨区分布在梵净山东南麓的铜仁、松桃一带,年降水量为1 250~1 350 mm。年降水量最少的地区分布在威宁、赫章、毕节一带,年降水量为900 mm左右,其中赫章年降水量最少,仅854.1 mm,其余地区降水量多为1 000~1 300 mm。

贵州省年均降水量分布(1978—2017年)如图1.2所示。

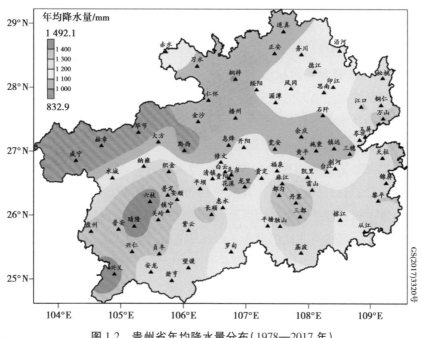

图1.2 贵州省年均降水量分布(1978—2017年)

贵州省分布有多种灾害性天气频繁的山区,常见干旱、秋风、冰雹、倒春寒、霜冻、暴雨和秋季绵雨等灾害性天气,其中以干旱为主。干旱主要出现在3—5月(春旱)和8—9月(夏旱)。中等春旱约两年一次,重旱四年一次,夏旱两年一次。干旱发生的主要原因是降水时间分配极不均匀、岩溶区地表水渗漏及田高水低和植被砍伐过度等。

2)水文特征

贵州省主要河川多发源于西部,由第二级阶地向东、南、北方向展布,上游河谷宽缓,下游为深切峡谷。由于岩溶发育,在中游常见河流明、暗转化、地下水、地表水互补的现象。贵州境内共有八大水系,大体上以乌蒙山及苗岭为分水岭,其中,北部为长江流域,含四个水系:乌江水系、金沙江支流上源横江—牛栏江水系、长江上游支流赤水河—綦江水系及洞庭湖沅江上源清水河水系,流域面积为 115 787 km²,占全省国土总面积的 65.7%;南部为珠江流域,亦分为四个水系:南盘江水系、北盘江水系、红水河水系及柳江水系,流域面积为 60 381 km²,占全省国土总面积的 34.3%。贵州省内多年平均地表水径流量为 1 035×10⁸ m³/s,一般丰水年(年径流量保证率 $P=20\%$)为 1 201×10⁸ m³/s,一般枯水年(年径流量保证率 $P=75\%$)为 900×10⁸ m³/s,特枯年(年径流量保证率 $P=95\%$)为 735×10⁸ m³/s。省外过境客水量为 291.7×10⁸ m³/s。每平方千米面积上的产水量为 58.8×10⁴ m³。

全省地表水平均年径流深 588 mm,各地径流深年平均值在 350~700 mm,其变化、特征基本与降雨一致,由东南向西北递减,年径流的年际变化比降水量大,年均丰水期连续四个月径流量占年总量的 56%~73%,呈现出年内分配不均衡的特征。区域各地径流量在时间上的变化规律同降水量基本相似,但丰水期出现时间呈现出区域差异性,东北部 4—7 月,中部 5—8 月,西部 6—9 月;枯水期出现在 12 月至次年 4 月。径流系数变化一般是多雨区大,少雨区小;山地较大,平原浅丘较小。

3) 地形特征

贵州省地势位于中国第二阶梯东部边缘部分,地势由西向东逐渐降低,呈三级阶梯状,向北、向南呈两面斜坡状。西部的威宁、赫章、水城一带为第一梯级,主要为高原地貌,高原的边缘切割强烈,为高中山地貌,平均海拔在 2 200~2 400 m,其中全省的最高峰乌蒙山区的韭菜坪位于此梯级,海拔 2 901 m。中部范围以遵义以南、惠水以北、黔西以东、镇远以西的广大地区为第二梯级,主要为山原和丘原地貌,海拔降为 1 000~1 500 m。东部的松桃、铜仁、玉屏、锦屏一带为第三梯级,以低山丘陵地貌为主,与湖南丘陵区连成一片,平均海拔继续降低至 500~800 m,此梯级内雷公山区海拔仅 137 m,为全省地势最低点。贵州省地势整体上形成西高东低,中部高南北低的形态。西部乌蒙山,黔北大娄山、黔东武陵山、黔南麻山和瑶山为山地斜坡,黔西南、黔中、黔北、黔东山原盆地等位于此山地斜坡之间,同时全省大部分地区被河谷切割,形成地形破碎的山地和丘陵,其间分布众多的盆地、谷地。受新构造运动间歇抬升影响,河流的长期侵蚀、溶蚀作用,地表峰林、峰丛、槽谷和洞穴等喀斯特地貌发育显著,素有"地无三尺平"之说。

贵州省地形地貌分布特征如图 1.3 所示。

4) 碳酸盐岩分布特征与区划

贵州省境内的碳酸盐岩分布广泛,出露面积为 1.1×10⁵ km²,约占全省总面积的 61.92%,连片出露,厚度较大,岩性主要有石灰岩、白云岩两大类,其次为它们的过渡类型,主要在晚震旦系到中三叠系为主的地层赋存,沉积最好的地层为晚震旦系灯影组,下寒武系上部至下奥陶系中部,中泥盆系顶部至中二叠系和下、中三叠系。典型的碳酸盐岩赋存特点为贵州省喀斯特地貌的形成奠定了基础。贵州大学王中美教授根据岩性及碳酸盐岩岩相空间分布特征,将全省划分为五个不同的区域,如图 1.4 所示。

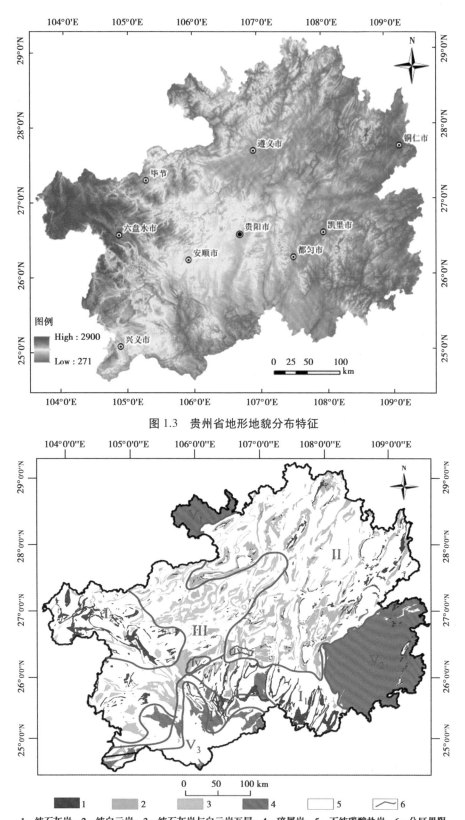

图 1.3 贵州省地形地貌分布特征

图 1.4 贵州省碳酸盐岩综合分区图(引自:贵州大学,王中美,2017)

1—纯石灰岩;2—纯白云岩;3—纯石灰岩与白云岩互层;4—碎屑岩;5—不纯碳酸盐岩;6—分区界限

（Ⅰ）石灰岩分布区

石灰岩分布区分为两个亚区:亚区 $I_1$ 位于贵州的南部,主要分布在荔波、独山、都匀、惠水、罗甸、紫云、镇宁、安顺等地,主要赋存在石炭系黄龙马平组和二叠系栖霞茅口组地层;亚区 $I_2$ 位于贵州的西部,主要分布在赫章、威宁、六盘水、普定等地,主要出露二叠系、三叠系和石炭系地层。

（Ⅱ）白云岩分布区

白云岩分布区主要分布在黔北和黔东北地区,包括铜仁、仁怀、习水、桐梓、绥阳、凤冈等县市,黔东南州、黔南州和贵阳市的部分地区均有分布,主要赋存在震旦系灯影组、寒武系娄山关群、三叠系安顺组等地层,分布面积最大。

（Ⅲ）石灰岩与白云岩互层区

石灰岩与白云岩互层区分布在黔西北和黔西南地区,包括毕节、大方、黔西、遵义、息烽、修文、安顺、关岭、晴隆、盘县、兴仁等县市,主要赋存在三叠系永宁镇组、关岭组地层。

（Ⅳ）礁灰岩分布区

礁灰岩分布区分布在黔西南的安龙、贞丰、紫云、罗甸一带和贵阳青岩、安顺地区,主要赋存在二叠系和三叠系礁灰岩地层。

（Ⅴ）其他红层砂岩、碎屑岩分布区

丹霞地貌主要分布在赤水地区,地表出露于白垩纪和侏罗纪的地层,以河谷丘陵和盆地地貌为主。碎屑岩分布区主要分布在黔东南州—黔南州部分地区的天柱、锦屏、黎平、榕江、从江、三都、雷山、剑河等地。

5）喀斯特地貌特征与区划

喀斯特地貌的形成除了受碳酸盐岩的化学溶蚀作用的影响,还受构造运动、表生作用等综合地质作用的影响。除在前文中介绍的岩性影响条件外,在贵州地史时期,地层隆升的强度呈现西强东弱,且自西向东抛斜的特征,因此形成了贵州高原东高西低的地势,出现了多级剥夷面、多级河谷阶地和多层地下溶洞等,造就了独特的喀斯特地貌景观类型。另外,贵州省大部分地区气候温和湿润,雨热同季,水对碳酸盐岩的溶解和侵蚀作用,是喀斯特作用的主体。整体而言,根据成因的类型不同,贵州省喀斯特地区可大致划分为溶蚀地貌、溶蚀-侵蚀地貌和溶蚀-构造地貌三大类,在此基础上,按照形态组合的差异性又可以划分为 16 种小类型,如表 1.1 所示。

表 1.1　贵州省喀斯特山区地貌形态

| 成因类型 | 形态组合类型 |
|---|---|
| 溶蚀地貌 | 峰丛洼地、峰丛谷地、峰林谷地、峰林洼地、丘峰谷地、溶丘洼地、溶丘盆地、溶丘坡地、峰林溶盆和丘丛山地 |
| 溶蚀-侵蚀地貌 | 峰丛峡谷、峰丛沟谷 |
| 溶蚀-构造地貌 | 断块山沟谷、溶蚀构造平台状山沟谷、溶蚀断陷谷(盆)地和垄脊槽谷(垄岗谷地) |

　　贵州省喀斯特主体地貌形态组合多样,分布广泛,不同类型在空间分布上还有相互穿插共存等现象。本书在上述地层岩性和典型喀斯特地貌类型分布的基础上,结合喀斯特主体地貌及区域连片分布原则(李宗发,2011),对具有相同喀斯特地貌形态类型区域进行组合,将贵州省地貌类型划分为三大区,如图1.5所示。

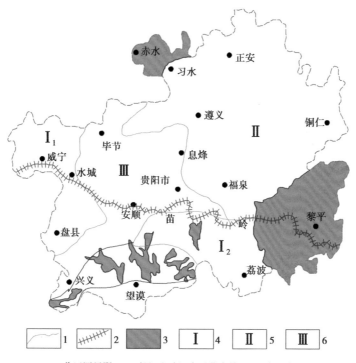

1—分区图界限;2—长江和珠江水系分水岭;3—陆源碎屑岩;

4—黔西—黔南喀斯特峰丛区;5—黔北—黔东北喀斯特丘-峰丛区;6—黔中—黔西南喀斯特峰林区

**图1.5 贵州省喀斯特地貌区划图**

（Ⅰ）黔西—黔南喀斯特峰丛区

　　喀斯特峰丛区包括了黔南州—安顺市的荔波—独山—紫云一带、乌江上游毕节地区的赫章—威宁一带,以及北盘江中上游水城—盘县一带的深切河谷沿岸。该区域主要发育峰丛峡谷、峰丛沟谷和峰丛洼地等喀斯特地貌形态,部分地区存在溶蚀断陷谷(盆)地。基于峰丛地貌形态空间分布位置的差异性,此区进一步划分为黔西和黔南两个亚区。其中,贵州西部的威宁—水城—盘县一带组成了黔西喀斯特峰丛地貌第一亚区（Ⅰ₁）,此区地势最高,呈现西高东低的中山地形,具有多级夷平面,海拔高度1 600~2 700 m。峰丛发育地层岩性主要为石炭系下统上部至二叠系中统石灰岩。地貌类型以峰丛洼地为主,沿着河流下游往往形成切割深度达到500 m以上的峰丛峡谷,随着切割深度的减小,逐渐发育为峰丛沟谷,在水城一带与喀斯特峰林地貌共生。贵州南部的独山—紫云—罗甸—荔波一带组成了黔南喀斯特峰丛地貌第二亚区（Ⅰ₂）,此亚区地势上西高东低、北高南低。峰丛发育地层岩性为泥盆系中统至二叠系中统石灰岩种,以峰丛洼地和峰丛谷地地貌为主,山地斜坡起伏较大,锥峰多而陡峻,部分地带还发育峰丛沟谷和峰林盆地。

（Ⅱ）黔北—黔东北喀斯特丘丛-峰丛区

此区包括了铜仁、仁怀、习水、桐梓、绥阳、凤冈等县市，以及黔东南州、黔南州和贵阳市的部分地区。喀斯特丘丛-峰丛发育的地层岩性主要赋存在下寒武系上部至下奥陶系下部及下三叠系白云岩地层，其中寒武系娄山关群最发育，分布面积最大。此区喀斯特化程度不高，以丘丛山地和丘峰谷地为主，同时也伴生着峰丛谷地、峰丛沟谷、峰丛峡谷、断陷谷（盆）地和垄脊槽谷等地貌类型。山地斜坡锥体形态因所处地形不同可划分为两类：①缓丘和圆丘状锥峰，主要分布在绥阳、德江和凯里等地的宽缓分水岭和平缓盆地地区；②丘丛山地，多为坡度较大的丘峰山地斜坡层层叠置形成，多分布在黔北大娄山和清水江上游的谷硐一带。丘峰之间主要为密集的谷地，地表河流或溪流较为发育，封闭的洼地和岩溶漏斗较为缺乏。

（Ⅲ）黔中—黔西南喀斯特峰林区

此区包括毕节、大方、黔西、遵义、息烽、修文、安顺、关岭、晴隆、盘县、兴仁等县市，发育地层岩性以三叠系永宁镇组、关岭组白云岩和石灰岩及白云岩类泥质白云岩和钙质白云岩等为主。该区主要发育以喀斯特峰林谷底、峰林洼地、峰林盆地为主的地貌形态，尤以塔状锥峰最为典型；另外交叉发育溶丘盆地、峰丛峡谷和峰丛沟谷地貌；山地分水岭地带还发育溶丘洼地、残丘坡地、断块山沟谷地貌。整体而言，峰林洼地和峰林盆地主要分布在黔中地区，而黔西南地区则以峰林谷地、峰林溶盆、溶丘洼地和溶丘坡地为主。由于岩性及砂页岩组合关系及地形因素等的差异，喀斯特地貌形态各异。

### 1.2.2　自然资源特征

贵州省水资源丰富，年际变化小，分布广泛，水能蕴藏量大。全省水资源总量占全国总量的3.9%，居全国第九位，单位产水量为全国平均数的2.1倍，居全国第八位，人均水量为全国平均值的3.25倍，亩均水量为全国平均值的2.06倍。贵州省的河流均属山区型，比降陡，落差大，水力资源丰富，全省理论蕴能居全国第六位，单位面积蓄能居全国第三位。河网密度较大，长度大于10 km以上的地表河流有980条，乌江、赤水河、北盘江、南盘江、红水河、都柳江等主干河流，多年平均径流量为$1.035 \times 10^{11}$ m³。水能资源居全国第六位，理论蕴藏量达1 874.5万 kW，可供开发的有1 523.07 万 kW。

贵州省总面积$1.762 \times 10^5$ km²，其中87%为山地、10%为丘陵，盆地仅占3%。全省耕地面积1.85 万 km²（占比10.5%），森林面积2.20 万 km²（占比12.5%），此外还有大面积的宜牧草山草坡、疏林地、灌木林和宜林荒地（占比24.3%）。森林资源相对贫乏，全省林地面积0.22万 km²，占全国林地面积的1.8%，森林覆盖率为12.6%，林木蓄积总量为1.38 亿 m³，占全国总蓄积量的1.5%。

地质矿产种类繁多，分布广、门类全、资源量丰富，是贵州省的一大特色（图1.6）。省内优势矿种分布相对集中，且规模较大、质量较好。目前，全省共发现矿产资源137 种，占全国已发现数量的79.19%左右；已查明93 种矿产具备资源储量，其中有85 种矿产被列入储量表。贵州省矿产资源储量居全国前十位的多达52 种，排名前五位的多达29 种，排名前三位的多达 23 种(表 1.2)。煤、磷、铝土矿、锑、金、锰、重晶石、水泥用灰岩等 17 种矿产为主要矿产,其中煤炭资源居南方诸省之冠,达 766.14 亿吨。

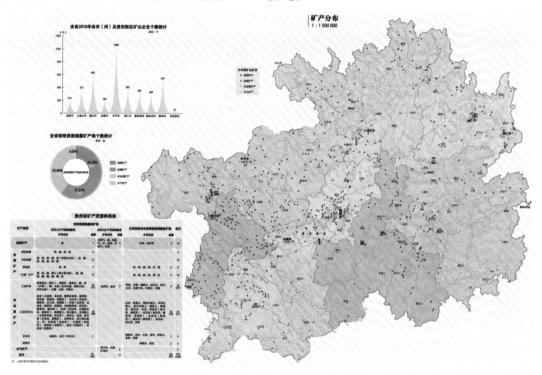

**图 1.6　贵州省矿产分布图(引自:贵州省自然资源地图集)**

表 1.2　贵州省 52 种储量居全国前十位的矿产资源

| 位次 | 矿产 | 矿种数/种 |
|------|------|-----------|
| 1 | 锰矿、汞矿、重晶石、锗矿、化肥用砂岩、冶金用砂岩、砷矿[雄(雌)黄矿物]、光学水晶、玻璃用灰岩、饰面用灰岩、砖瓦用砂岩 | 11 |
| 2 | 硫铁矿、碘矿、饰面用辉绿岩 | 3 |
| 3 | 铝土矿、钒矿、镓矿、钪矿、磷矿、稀土矿、铸型用砂岩、熔炼水晶、陶瓷用砂岩 | 9 |
| 4 | 锑矿、建筑用砂 | 2 |
| 5 | 煤炭、镍矿、化工用白云岩、砖瓦用页岩 | 4 |
| 6 | 锌矿、凹凸棒石黏土、水泥配料用黏土、金刚石、压电水晶、砖瓦用黏土、建筑石料用灰岩 | 7 |
| 7 | 铌钽矿、锂矿、镉矿、硒矿、含钾岩石、钛矿、建筑用页岩 | 7 |
| 8 | 镁矿、含钾砂页岩 | 2 |
| 9 | 钼矿、玻璃用砂岩、水泥配料用砂岩 | 3 |
| 10 | 耐火黏土、饰面用板岩、建筑用白云岩、建筑用砂岩 | 4 |

注:表中数据引自《2021 年贵州省自然资源公报》(2022 年)

### 1.2.3 经济社会发展现状

由于自然环境条件和历史原因,贵州省整体发展较为落后,农民人均纯收入较低。但改革开放以来,贵州省借西部大开发的历史机遇,经济社会快速发展,社会经济建设取得了瞩目成绩。

"十三五"时期,贵州省经济年均增长率11.6%,增速连续五年位居全国前三,地区生产总值从2015年的第25位上升到第22位,地区生产总值、规模以上工业生产总值、固定资产投资等先后突破万亿大关。全省66个贫困县在2020年底全部实现脱贫摘帽,五年减少507万贫困人口,近200万人易地扶贫搬迁,741万农村人口饮水安全问题得到全面解决,农村"组组通"硬化路建设规模达到7.87万km。

"十三五"期间,贵州省认真贯彻创新、协调、绿色、开放、共享的新发展理念,落实"守底线、走新路、奔小康"工作总纲,坚持"加速发展、加快转型、推动跨越"主基调,各项工作得到快速、全面推进。农村产业方面,12个农业特色优势产业快速发展,"双千工程"和十大工业产业振兴行动扎实推进,农业增加值和规模以上工业增加值增速连续位居全国前列。深入推进城镇化带动战略,常住人口城镇化率提高到44.1%。"五个100工程""四在农家·美丽乡村"等小康行动计划成效显著。大数据产业方面,首个国家大数据综合试验区和国家大数据工程实验室落户贵州省,一批行业领军企业进驻贵州省,一批本土企业快速成长,全省有超过一万家的大数据相关企业投入使用;"云上贵州"系统平台建成,并实现省、市、县全覆盖运行。生物医药产业方面,获批建设国家苗药工程技术研究中心等六个国家地方联合工程研究中心(工程实验室);一批重点企业成为"全国制药500强"。节能环保产业方面,高效节能设备与控制系统、磷矿伴生资源回收利用等技术和产品达到国内先进水平并实现产业化应用。高端装备制造业方面,航空发动机、无人机、全地形工程车等产品技术处于国内先进水平。新能源产业方面,国家能源大规模物理储能技术(毕节)研发中心建设运行,先进压缩空气储能系统技术达到国际领先水平。社会经济发展实现了在西部地区赶超进位的历史性跨越。

### 1.2.4 贵州省喀斯特山区综合现状分析

(1)"雨多库少,人—地—水"空间分布不匹配问题突出

贵州省岩溶山区强烈切割的山地斜坡地形不利于大气降水在地表的滞留,降水后形成的地表径流很快沿沟谷汇集到深切割的地表河谷中,而耕地和人口集中的村寨、城镇则分布在高于河谷的岩溶谷地、洼地地带,大面积的碳酸盐岩分布区在地表强烈的岩溶作用下形成众多岩溶洼地、漏斗和落水洞,在地下则形成规模较大的岩溶洞穴、管道和地下河系统。地表与地下岩溶形态相互连通,构成了岩溶山区特有的地表、地下双重排水系统,使得"岩溶地表多渗漏,大气降水难截留","地表水贵如油,地下水滚滚流","土在楼上特干旱,水在楼下白白走",从而造成岩溶区大面积"工程性缺水",造成省内农村人口饮水不安全,城镇生活、

工矿及农业生产供水水源不足,特大气象干旱条件下旱情更为严重,严重地影响民生和社会稳定、经济发展。岩溶山区强烈的矿产开发、工农业生产和城市化发展,大量的工业"三废"、城市生活污水和垃圾的不合理处置,引起了严重的岩溶水环境污染,导致了更严重的工程性缺水。同时,岩溶区"缺水、少土、土质贫瘠"的环境引发了严重的石漠化,导致了岩溶区贫困加剧。地表与地下双重排泄系统以及大量的水土流失引发了大量的岩溶洪涝,使本来就缺乏的耕地遭到了进一步破坏。

(2)"山多地少,石多土少,人口—资源—环境"脆弱性叠加问题突出

贵州省属于高原斜坡和崎岖的山地地形,是全国唯——个没有平原支撑的山区省份,省内喀斯特地貌分布广,发育强烈,碳酸盐岩分布区土层薄、土质贫瘠不利于作物生长,农作物品质不高。"地表缺水、少土、土质贫瘠"造成贵州省岩溶山区生态环境脆弱问题突出。大量少数民族村落人口分布在岩溶山区和石漠化区,地方贫困,人口素质差,人口密度大。地方土地资源和矿产资源开发粗放,毁林开荒,滥采矿产,加速了资源环境的破坏。岩溶环境承载能力低、易损,生态环境难以恢复,再加上广大岩溶山区水土资源缺乏,生态环境脆弱,自然生产力和劳动生产力低,发展中的人口—资源—环境问题显得更加严峻。

(3)岩溶有关的生态环境问题突出

贵州省矿产资源开发存在诸多问题,主要表现在矿产开采对资源和环境破坏严重。矿业发展总体上处于低层次水平,基本上是以牺牲资源和地质环境为代价来换取暂时的经济效益。采矿破坏植被,造成滑坡、崩塌、泥石流、地面变形、水土流失、河床和水库淤积等地质灾害频发,使本来就十分脆弱的地质—生态环境遭到进一步破坏。岩溶山区的大量人类工程活动,诸如随意切坡开挖修路、切坡修建房屋、改变河道、弃土堵沟等,破坏了地质稳定性,加之喀斯特碳酸盐岩风化层与基岩分层明显,岩土体强度在工程活动或降雨条件下弱化,成为滑坡、泥石流的物质来源,留下地质灾害隐患,极易产生滑坡、泥石流灾害。

(4)人居环境规划和协调布局整体缺乏

近年来,贵州省虽然在不断地积极推进乡村规划和新农村示范建设,农村人居环境在一定程度上得到改善。但由于农村传统居住习惯不规范,农村住宅建设无规划等问题,自然村较多,"空心村"较多,居住分散,农村街道大小不一,排列无序,浪费了大量土地资源。同时居民村落功能分区不合理、民族特色村落破坏严重、村落自然生态景观与村落景观不协调等问题较为普遍。

# 第 2 章　喀斯特山区灾害现状与综合防灾减灾分析

## 2.1　贵州省喀斯特山地灾害概述

### 2.1.1　喀斯特山地灾害的定义与分类

　　灾害是指一切对人类财产、生命和生存条件造成危害的自然和社会事件的总称,是物质运动的特殊体现。这些事件往往由不可控制因素或可控制而未加控制的因素引起。也可以说,灾害是由自然因素、人为因素或二者兼有的因素引发的对人类财产、生命和生存环境造成破坏、损失的现象或过程。灾害事件不是独立的自然或社会现象,而是基于自然与社会现象的综合作用的产物,是自然系统与人类物质文化共同作用的结果。

　　由于喀斯特山区区域活跃的地质构造运动形成的地表隆升、岩石破碎、斜坡软弱结构面、较大的地形高差和复杂的地貌形态,以及地形差异导致的较大降水梯度和气温梯度等因素,大部分山地具备了发育斜坡变形灾害、泥石流、山洪、堰塞湖以及高山区雪崩冰崩等自然灾害的基本条件。这些灾害在形成和运动过程中对人类生命、财产、生存环境、生产条件和社会基础设施等造成了不可估计的损害。基于这些灾害主要发生在山地区域,20 世纪 80 年代,唐邦兴等提出了"山地灾害"这一专业术语。对于山地灾害的概念,目前仍然处于讨论和完善的过程中。

　　本书所涉及的喀斯特山地灾害主要是指受自然和人类工程活动影响,发生在喀斯特岩溶山地环境下,对社会、生态环境和自然资源等构成威胁和破坏的灾害事件。喀斯特山地灾害主要包括自然灾害和人为灾害,以及由自然和人为综合作用引发的灾害或灾害链现象(气象灾害、地质灾害、地震灾害、火灾等)。探究喀斯特山地灾害的目的在于剖析灾害事件的成灾机制与规律,分析各种灾害之间的内在联系、相互作用、相互转化、链生过程及灾害效应,探寻为减灾而获取动态信息、调控物质运动与能量转化技术方法等。

### 2.1.2　综合防灾减灾基本概念

按照作用顺序划分,综合防灾减灾基本概念主要包括防灾、减灾、抗灾、救灾、灾后重建。

（1）防灾

防灾是指在一定时间和空间范围内防御灾害发生,防止灾害造成更大损失。对灾害的监测与预报、救援和灾后恢复重建等内容均属于防灾范畴。

（2）减灾

减灾是指减少灾害数量或减轻灾害损失。采取工程和非工程措施减少人为的或可防御的灾害发生的次数和频率、将不可避免的灾害损失降到最低是衡量减灾结果的两个重要内容。

（3）抗灾

抗灾是指在灾害发生前,人为地采取各种方法和措施来抵御、控制减轻和降低灾害的影响范围和损失。常见的抗洪、抗旱等均属于抗灾范畴,紧急抢险、转移疏散、抢收抢种、人为防御等均属于抗灾的主要内容。

（4）救灾

救灾是指通过先进的经济技术和有效的组织管理方法,减少灾害造成的财产损失和人员伤亡,恢复正常生产和社会秩序的一系列活动。救灾工作具有时间上的紧迫性,专业救治与消防、资金与物资的投入等均属于救灾的形式。

（5）灾后重建

灾后重建包括基础设施重建和生产活动恢复重建。灾后重建是减轻灾害损失,维护社会稳定和人们生产生活正常化的重要保障。

从概念上来看,防灾偏重过程和措施,减灾偏重结果,但在目的层面两者是一致的。习惯上,人们将防灾与减灾视为同一个概念,不专门加以区分。

### 2.1.3　贵州省喀斯特山地常见灾害特征及影响分析

贵州省地处我国西南内陆,是高耸于四川盆地和广西丘陵之间的亚热带山原,地形地势特殊,灾害类型多而复杂。据统计,2009—2019 年,全省各类自然灾害共造成 873 人死亡（含失踪）,直接经济损失达 1 270.53 亿元,几乎每年全省 88 个县区（县级市、自治县、市辖区）均遭受不同类型的自然灾害的袭扰,受灾人口以百千万计,每年均有因灾死亡人口,对于本就人均耕地面积不多的贵州省来说,农作物受灾、绝收面积大（表 2.1）。自然灾害也给贵州省的经济发展带来了较严重的影响,2009—2019 年自然灾害造成的直接经济损失及其在全省生产总值中的占比如图 2.1 所示。

表 2.1　贵州省 2009—2019 年自然灾害受灾情况统计

| 年　　份 | 受灾县个数<br>/个 | 受灾人口<br>/万人 | 死亡(含失踪)<br>/人 | 农作物受灾面积<br>/万公顷 | 绝收面积<br>/万公顷 | 直接经济损失<br>/亿元 |
|---|---|---|---|---|---|---|
| 2009 年 | 84 | 1 687.12 | 34 | 89.16 | 12.85 | 35.60 |
| 2010 年 | 86 | 2 633.40 | 157 | 195.64 | 55.72 | 179.77 |
| 2011 年 | 88 | 2 883.44 | 83 | 253.75 | 51.51 | 250.67 |
| 2012 年 | 86 | 1 227.66 | 51 | 55.27 | 6.74 | 66.21 |
| 2013 年 | 85 | 2 162.62 | 66 | 157.81 | 36.28 | 140.06 |
| 2014 年 | 88 | 1 385.28 | 146 | 62.82 | 9.74 | 196.76 |
| 2015 年 | 86 | 581.03 | 68 | 21.71 | 3.16 | 73.76 |
| 2016 年 | 82 | 663.30 | 115 | 32.90 | 5.10 | 173.70 |
| 2017 年 | 88 | 532.43 | 68 | 25.73 | 4.08 | 60.25 |
| 2018 年 | 87 | 581.92 | 11 | 33.47 | 5.90 | 45.81 |
| 2019 年 | 85 | 288.60 | 74 | 14.62 | 2.40 | 47.94 |

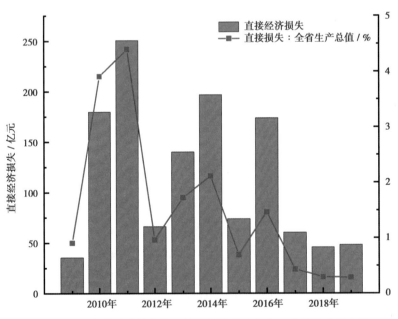

图 2.1　自然灾害造成的直接经济损失及其在全省生产总值中的占比

## 2.2 地质灾害现状与防灾减灾

### 2.2.1 地质灾害现状

贵州省属于典型的内陆岩溶山区,地形地貌、地质构造复杂脆弱,岩溶地貌发育,岩溶出露面积约占全省国土总面积的 61.92%,部分地区石漠化严重,属于典型的喀斯特地貌,是世界上岩溶地貌发育最典型的地区之一。同时,省内沉积岩广泛分布,陡斜坡和顺层斜坡较多,大面积出露地层为碳酸盐类和玄武岩风化带,岩体破碎,坡面松散,土层较厚。崩滑流等地质灾害隐患点多,分布面广,其中高、中易发区面积约 13.60 万 km²,占全省面积的 77%。全省 80 000 多个自然村,居住分散,大量村寨依山而建,多数群众生活在山上、山腰、坡脚、沟边等高风险区。贵州省属亚热带湿润季风气候,雨量充足,强降雨导致岩土体含水饱和,极易诱发地质灾害。贵州省西部地区为国家地震局划定的南北地震带,2019 年贵州省威宁、六枝等地以及周边省份发生多次地震,突发性地质灾害风险加剧。部分地区采矿、修路、建房、水利建设等工程活动与自然因素叠加,使防范难度不断增大。

贵州省的地质灾害类型有滑坡、崩塌、泥石流、地面塌陷和地裂缝。据统计,2009—2019 年共发生地质灾害 1 886 起(次),造成的损失达 16.98 亿元。其中,滑坡 1 387 起(次)、崩塌 351 起(次)、泥石流 42 起(次),分别占比 73.54%、18.61% 和 2.23%,滑坡和崩塌两类地质灾害占到了发生总起(次)数的 90% 以上,由此可知,滑坡和崩塌是贵州省地质灾害中危害最大的两类。表 2.2 和图 2.2 统计了贵州省历年地质灾害的发生情况及造成的人员和经济损失。例如 2014 年 8 月 27 日福泉山体滑坡(图 2.3)、2019 年 7 月 23 日水城特大山体滑坡(图 2.4)、2020 年 3 月 27 日贵阳观山湖区山体滑坡(图 2.5)、2020 年 7 月 8 日松桃山体滑坡(图 2.6)等均造成了较大的损失,引起了社会的广泛关注。

表 2.2　贵州省典型特大型崩滑灾害实例

| 典型崩滑灾害名称 | 时　间 | 体积/万 m³ | 人员财产损失情况 |
|---|---|---|---|
| 贵州印江岩口滑坡 | 1996 年 9 月 18 日 | 180 | 形成 3 900 万 m³ 堰塞湖,淹没上游郎溪镇和 1 个电站,造成 5 人死亡,直接经济损失 1.5 亿元 |
| 贵阳沙冲路滑坡 | 1996 年 12 月 2 日 | 2.7 | 造成 38 人死亡、16 人重伤 |
| 贵州纳雍岩脚寨崩塌 | 2004 年 12 月 3 日 | 0.4 | 造成 44 人死亡 |
| 贵州关岭大寨滑坡 | 2010 年 6 月 28 日 | 175 | 造成 99 人死亡 |
| 贵州凯里鱼洞河崩塌 | 2013 年 2 月 18 日 | 17 | 造成 5 人死亡 |
| 贵阳市海马冲滑坡 | 2015 年 5 月 20 日 | 0.6 | 造成 16 人死亡 |
| 贵州纳雍张家湾崩塌 | 2017 年 8 月 8 日 | 82 | 造成 27 人死亡、8 人失踪,紧急转移安置 575 人;250 余间房屋倒塌;直接经济损失 8 400 余万元 |

续表

| 典型崩滑灾害名称 | 时　　间 | 体积/万 m³ | 人员财产损失情况 |
|---|---|---|---|
| 贵州水城滑坡 | 2019 年 7 月 23 日 | 191 | 造成近 1 600 人受灾、43 人死亡、9 人失踪、紧急转移安置 700 余人,直接经济损失 1.9 亿元 |
| 贵州松桃滑坡 | 2020 年 7 月 8 日 | 270 | 造成岩板滩组 6 人失联、6 人受困,79 户 320 人不同程度受灾 |

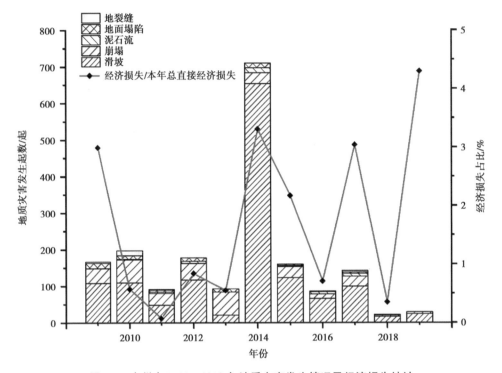

图 2.2　贵州省 2009—2019 年地质灾害发生情况及经济损失统计

图 2.3　贵州福泉"8.27"山体滑坡现场

图 2.4　贵州水城"7.23"特大山体滑坡运动与破坏过程分析

图 2.5　贵阳观山湖区"3.27"山体滑坡抢险现象

图 2.6　贵州松桃"7.8"山体滑坡

1)贵州省地质灾害类型特征

据 2018 年贵州省高位隐蔽性地质灾害隐患排查统计显示,贵州省地质灾害隐患点 9 088 处,其中滑坡 4 175 处,占地质灾害隐患点总数的 45.94%;崩塌 2 936 处,占地质灾害隐患点总数的 32.31%;不稳定斜坡 1 205 处,占地质灾害隐患点总数的 13.26%;地面塌陷 553 处,占地质灾害隐患点总数的 6.08%;泥石流 128 处,占地质灾害隐患点总数的 1.41%;地裂缝 91 处,占地质灾害隐患点总数的 1%(表 2.3、图 2.7)。因此,滑坡是贵州省最主要的地质灾害类型,几乎占到了地质灾害类型的一半,其次是崩塌和不稳定斜坡灾害,这三种类型地质灾害总和达到地质灾害总数的 90% 以上。

表 2.3　2018 年贵州省地质灾害隐患类型及规模统计表　　　　　　　　单位:处

| 类　型 | 特大型 | 大　型 | 中　型 | 小　型 | 合　计 |
|---|---|---|---|---|---|
| 滑坡 | 3 | 51 | 703 | 3 418 | 4 175 |

续表

| 类　型 | 特大型 | 大　型 | 中　型 | 小　型 | 合　计 |
|---|---|---|---|---|---|
| 崩塌 | 26 | 225 | 810 | 1 875 | 2 936 |
| 不稳定斜坡 | 1 | 18 | 230 | 956 | 1 205 |
| 地面塌陷 | 2 | 65 | 159 | 327 | 553 |
| 泥石流 | 6 | 10 | 48 | 64 | 128 |
| 地裂缝 | — | 1 | 8 | 82 | 91 |
| 合计 | 38 | 370 | 1 958 | 6 722 | 9 088 |

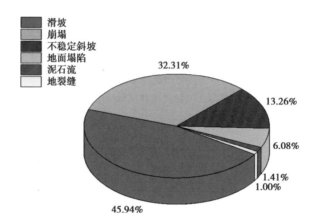

图 2.7　2018 年贵州省地质灾害类型统计

全省地质灾害隐患规模以中小型为主,小型和中型地质灾害隐患分别为 6 722 处、1 958 处,占地质灾害总数的 95.51%,大型、特大型占比较低,大型地质灾害 370 处,占地质灾害总数的 4.07%,特大型地质灾害仅 38 处,占比 0.42%(图 2.8)。

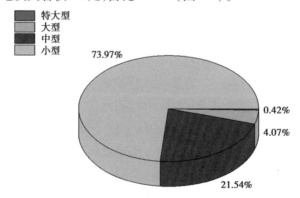

图 2.8　2018 年贵州省地质灾害规模统计

2018 年贵州省高位隐蔽性地质灾害隐患点共 1 639 处。其中高位崩塌 1 389 处,占比 84.75%;高位滑坡 210 处,占比 12.81%;高位不稳定斜坡 34 处,占比 2.07%;高位泥石流 5 处,占比 0.31%;高位地裂缝 1 处,占比 0.06%。全省最主要的高位隐蔽性地质灾害类型为崩塌(危岩),滑坡和不稳定斜坡灾害占少部分,泥石流和地裂缝占比极小,高位隐蔽性地质灾害隐患点中无地面塌陷地质灾害(表 2.4)。

表 2.4　2018 年贵州省高位地质灾害类型及规模统计表　　　　　单位:处

| 类　型 | 特大型 | 大　型 | 中　型 | 小　型 | 合　计 |
|---|---|---|---|---|---|
| 滑坡 | 2 | 18 | 74 | 116 | 210 |
| 崩塌 | 26 | 177 | 531 | 655 | 1 389 |
| 不稳定斜坡 | — | 2 | 15 | 17 | 34 |
| 地面塌陷 | | | | | |
| 泥石流 | — | — | 2 | 3 | 5 |
| 地裂缝 | — | — | — | 1 | 1 |
| 合　计 | 28 | 197 | 622 | 792 | 1 639 |

高位隐蔽性地质灾害隐患以中小型为主,特大型高位地质灾害隐患 28 处、大型 197 处、中型 622 处、小型 792 处,分别占高位隐蔽性地质灾害隐患点总数的 1.71%、12.02%、37.95% 和 48.32%(表 2.4、图 2.9)。

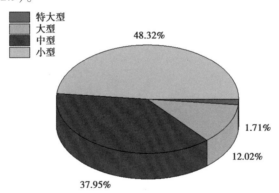

图 2.9　2018 年贵州省高位地质灾害规模统计

由采矿活动引发高位隐患点 260 处,占全部高位地质灾害隐患点的 15.86%,威胁人数 62 859 人。按开采矿种划分,238 处高位地质灾害隐患点由采煤诱发,14 处高位地质灾害隐患点由开采磷矿诱发,开采其他矿诱发高位地质灾害隐患点 8 处。按灾害类型分,崩塌 160 处、滑坡 84 处、不稳定斜坡 9 处、地面塌陷 4 处、地裂缝 2 处、泥石流 1 处。

人口集中区地质灾害指威胁 30 人以上斜坡区地质灾害。贵州省现有人口集中区地质灾害隐患点 5 427 处,其中滑坡 2 417 处、崩塌 1 725 处、不稳定斜坡 753 处、地面塌陷 383 处、泥石流 91 处、地裂缝 58 处,最主要的地质灾害类型为滑坡和崩塌。人口集中区高位隐蔽性地质灾害隐患点 1 212 处,占全部人口集中区地质灾害隐患点的 22.3%。

按诱发因素进行统计,贵州省高位地质灾害隐患点统计图如图 2.10 所示。

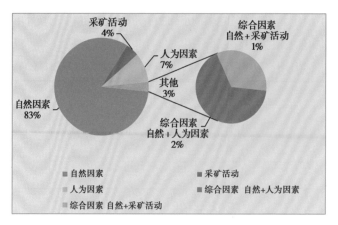

图 2.10　贵州省高位地质灾害隐患点统计图（按诱发因素）

2）贵州省地质灾害分布特征

贵州省 10 个市（州）地质环境条件差异显著,辖区总面积、人口数量不同,同时各市
（州）人为工程活动方式和强度也不同,地质灾害隐患分布如图 2.11 所示。全省 10 个市
（州）地质灾害隐患点总数由高到低依次是黔东南州、遵义市、毕节市、黔西南州、六盘水市、
铜仁市、黔南州、贵阳市、安顺市、贵安新区,其中黔东南州、遵义市、毕节市和黔西南州地质
灾害隐患点总数均超过 1 000 处(图 2.12、表 2.5)。

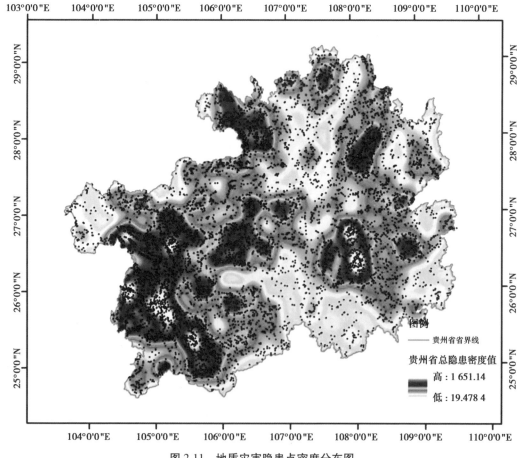

图 2.11　地质灾害隐患点密度分布图

表 2.5　贵州省各市(州)地质灾害隐患点统计表　　　　　　　　　　单位:处

| 市(州) | 滑　坡 | 崩　塌 | 不稳定斜坡 | 地面塌陷 | 泥石流 | 地裂缝 | 总　计 |
|---|---|---|---|---|---|---|---|
| 黔东南州 | 781 | 206 | 491 | 14 | 25 | 2 | 1 519 |
| 遵义市 | 627 | 539 | 155 | 72 | 15 | 22 | 1 430 |
| 毕节市 | 490 | 497 | 211 | 154 | 25 | 3 | 1 380 |
| 黔西南州 | 596 | 412 | 138 | 72 | 22 | 5 | 1 245 |
| 六盘水市 | 467 | 241 | 58 | 115 | 6 | 7 | 894 |
| 铜仁市 | 596 | 199 | 33 | 31 | 20 | 1 | 880 |
| 黔南州 | 284 | 359 | 51 | 28 | 7 | — | 729 |
| 贵阳市 | 207 | 177 | 53 | 41 | 8 | 15 | 501 |
| 安顺市 | 122 | 282 | 9 | 25 | 1 | 38 | 477 |
| 贵安新区 | 9 | 21 | — | 3 | — | — | 33 |
| 总计 | 4 179 | 2 933 | 1 199 | 555 | 129 | 93 | 9 088 |

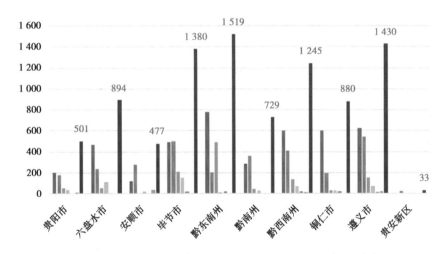

■ 滑坡　■ 崩塌　■ 不稳定斜坡　■ 地面塌陷　■ 泥石流　■ 地裂缝　■ 总计

图 2.12　贵州省各市(州)地质灾害隐患柱状图

　　全省 88 个县(市、区)均有地质灾害隐患发育,其中盘州市最多,总数达 400 个,远远多于位列第二的威宁县,威宁县为 287 个。总数在 250 个以上的县(市、区)5 个,依次是盘州市、威宁县、纳雍县、水城县和习水县;总数在 150~250 个的有 12 个,依次市是思南县、仁怀市、安龙县、册亨县等;总数在 100~150 个的有 22 个,依次是紫云县、榕江县、兴仁县等;总数在 50~100 个的有 31 个,依次是丹寨县、德江县、钟山区等;总数在 30~50 个的有 13 个,依次是瓮安县、息烽县、三穗县等;总数在 30 个以下的有 7 个,依次是玉屏县、独山县和花溪区等。

## 2.2.2　地质灾害成因分析

　　受燕山运动的影响,我国西南岩溶山区多形成 NNE—NE 走向的褶皱山体,经长期强烈的抬升运动与河流侵蚀,褶皱的两翼及核部山体呈现出中上部厚层—巨厚层碳酸盐岩地层陡峭,下部页岩、泥岩地层平缓的"靴状"地貌形态,加之下部煤层、铝土矿层的开采,使得贵州省成为大型层状岩质崩滑灾害的高发区,区内发生过多起重大灾难性崩滑灾害,给山区居民的生命财产与国家重大工程安全带来巨大的损失和隐患。近年来,由于极端气候与人类工程活动的加剧,贵州省岩溶山区的重大崩滑地质灾害仍频繁发生,这些大型崩滑灾害不仅体积大、地质结构与模型复杂、早期识别难度大,而且灾害孕育形成与启动力学机制研究不足,后破坏动力过程复杂,导致空间预测难度大,群死群伤灾难性事件仍不断发生。

调查分析发现,斜坡上硬下软、上陡下缓的"二元结构"山体发育大型崩滑灾害隐患较多,上部一般为厚度大于 100 m 的二叠-三叠系灰岩、白云岩,夹 4~6 层薄层状碳质或泥质页岩,下部为志留系页岩、粉砂质页岩,临空条件好,河谷深切。此外,二叠-三叠系厚层灰岩中存在多套含煤、铁或铝土矿地层,数百年来一直沿江和沟谷两岸开采,并且随着经济建设的全面发展,矿层开采规模和范围不断扩大,形成大面积采空区,加速了地表的沉陷与岩体开裂。斜坡岩土体失稳后,高位势能迅速转化为动能,经过沿途的铲刮碰撞破碎后,极易形成高速远程碎屑流。因此,亟待开展岩溶山区典型崩滑灾害的变形特征、失稳机理和监测预警研究,为岩溶山区地质灾害早期识别与预警预报提供依据。

### 2.2.3 地质灾害防灾减灾

近年来,以重大地质灾害隐患点自动化监测站建设和地质灾害隐患排查为主要工作内容和方法,辅之实施重大隐患点治理,在一定程度上取得了较好的成效,但贵州省属于地质灾害易发、高发区域,具有灾种齐全、灾害严重、隐患多广、发生频繁的特点,地质灾害隐患点查而不绝,每年都有新增隐患点出现,且大多地质灾害发生在原有台账之外,这给防治带来了巨大的困难。贵州省喀斯特山区地质灾害防治 2009—2019 年所采取的工程措施及非工程措施如表 2.6 所示。其中,主要工程措施包括:对危岩体实施爆破清除、支衬等;对不稳定斜坡或边坡采取支护措施,主要手段有削方减载、挡土墙、抗滑桩、锚杆(或锚索)、坡面喷浆防护、防护网防护等。非工程措施包括对处于变形初期的隐患点实施监测预警、地质灾害气象预警预报。

表 2.6　2009—2019 年贵州喀斯特山区地质灾害防治举措

| 年　份 | 防治措施 |
| --- | --- |
| 2009 年 | 搬迁避让;<br>开展大型地质灾害应急预案示范教学演练 |
| 2010 年 | 启动地质灾害监测预警与决策平台建设;<br>开展 41 个县(市、区)重大地质灾害隐患详查 |
| 2011 年 | 地质灾害气象信息预报 |
| 2016 年 | 全省地质灾害隐患点避灾应急演练全覆盖,开展部、省、市、县四级地质灾害远程视频互连互动应急演练;<br>开展全省地质灾害隐患"百千万工程"专项排查行动 |

| 年　份 | 防治措施 |
| --- | --- |
| 2017 年 | 开展 300 个重大地质灾害隐患点自动化监测站建设和地质灾害气象分析预警预报平台建设；<br>实施地质灾害防治数据采集 App 项目，加强群测群防体系建设 |
| 2018 年 | 完成全省高位隐蔽性地质灾害隐患专业排查；<br>制订地质灾害监测预警"1155 工程"实施方案，建成 100 个地质灾害隐患自动化监测点；<br>实施 FAST 中心台址危岩体应急治理等一批重大隐患治理项目 |
| 2019 年 | 推进地质灾害防治督查，行业查灾，大数据查灾，专业查灾，群众报灾，专家核灾，监测预警预报，宣传培训等八大行动；<br>全覆盖开展地质灾害应急避险演练；<br>完成 802 处重大隐患自动化监测点建设、安装群测群防自动化预警监测点 5 141 处；<br>实施 14 个重大隐患点治理、9 个续作工程和 1 个极贫困乡"整乡推进"综合治理项目 |

1）工程治理

地质灾害治理工程技术类型包括主动型、被动型和复合型三大类。各类型的不同使适用方法分别是：主动型——排水（地表水、地下水排出）、削方、反压、灌浆、回填、高压注浆和锚固等；被动型——抗滑桩、挡墙、竖井桩、隔栅坝、重力坝、谷坊、导流渠坝、防护网等；复合型则是根据地质灾害隐患的类型、机理、环境地质条件等要素，从主动型和被动型采用的方法中选择合适的方法进行组合，比如锚拉桩、锚拉墙、生物工程及联合使用被动网和主动网等。

2）搬迁避让措施

采用避让搬迁方法的前提是工程治理有困难，或实施治理工程不能实现其经济效益、社会效益、生态环境效益。搬迁避让工程的技术工作程序为，专业技术人员调查认定灾害类型、稳定状态、受到威胁的人员及财产，并经工程治理和避让搬迁措施方案综合比选分析后，向主管部门提出搬迁建议，经批准后即可进行搬迁安置点地质灾害危险性评估，最终确定迁移重建位置并向当地政府提交正式报告。安置点一经选定并获得政府批准后，搬迁避让组织协调等工作即可在基层政府主持下展开。

3）地质灾害监测预警

建成以人防和技防相结合为特征的监测预警预报体系。一是通过升级群测群防监测手段实现隐患点的预警预报；二是通过自动化监测设备实现地质灾害点的实时动态监测。

（1）群测群防监测预警系统

研究开发群测群防 App 数据采集系统，采用地理信息、遥感、GPS、移动计算、云服务、网络数据库等技术，根据地质灾害信息监测与信息管理的特点及需求，实现采集、存储、分析、管理、预警一体化。

将传统的群测群防工作进行升级，当群测群防员监测的数据达到预警级别时，系统会自动通过 App 声音提示、短信提示、电话、基站小区广播推送等形式进行报警。实现群测群防数据智能化和监测预警自动化。

采用升级群测群防监测设备,同时监测全省 9 000 余处隐患点,全面提升全省地质灾害群测群防科技水平。对于市(州)和重点县,还应配备一定数量的应急处置设备,提升监测预警响应能力。

地质灾害群测群防监测预警系统如图 2.13 所示。

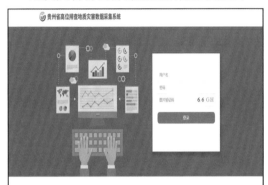

（a）隐患点录入　　　　　　　　　　　　（b）隐患点查询与定位

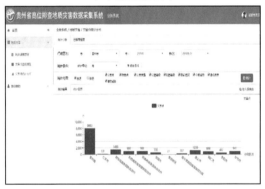

（c）隐患点统计　　　　　　　　　　（d）"群测群防两卡一表"管理模块

图 2.13　地质灾害群测群防监测预警系统

（2）自动化监测预警系统（贵州省地质灾害"1155"平台）

贵州省地质灾害监测预警系统以"空—天—地"一体化调查方法和大数据防灾技术为手段,按照地质灾害综合防治体系建设要求,以"1155 工程"（一台多网、一体五位、五台融合、五级管理）为统领,分层次开展调查评价、监测预警、治理工程和能力提升等工作。研究地质灾害发育发生原理、发现隐患、监测隐患、发布预警,建立健全地质灾害专项资金管理、项目管理、技术标准的制度机制,建成"贵州省地质灾害综合防治大数据平台"。

①一台多网。通过互联网、电子政务外网、国土专网等网络实现贵州省地质灾害防治数据与省内气象、交通、水利、能源等部门数据的"聚通用",并与自然资源部信息平台对接,实现数据互通。

②一体五位。对每个地质灾害隐患点,建成乡镇分管领导、国土所长、村干部、技术保障人员、专职监测员"一体五位"的地质灾害隐患预警和处置模式。

③五台融合。实现调查评价、监测预警、治理工程、能力提升、指挥调度等五类应用平台融合。

④五级管理。打造"自下而上、分级管理、责任监督"的省、市、县、乡、村等"五级管理"体系,全面提升各级各部门地质灾害防治能力。

贵州省大数据防灾"1155"平台体系如图 2.14 所示。贵州省地质灾害自动化实时监测系统如图 2.15 所示。

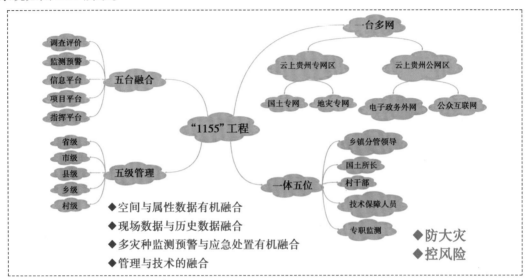

**图 2.14 贵州省大数据防灾"1155"平台体系**

目前,贵州省地质灾害自动化监测系统平台主要以原位多元化传感器监测数据采集为基础,以无线远程通信传输(3G/4G,北斗卫星)和物联网为依托,对灾害隐患点进行全方位的连续实时动态监测,通过算法优化和云计算分析处理,对潜在稳定性和变化趋势进行研判,及时做出预测预警,管理平台第一时间将监测预警信息反馈至群测群防人员、受威胁百姓及相关负责人员。

对于不同的地质灾害隐患类型,需有针对性地选取符合隐患特点的监测设备:

①滑坡主要监测降雨、地表位移、深部位移、土壤含水率等,对重要隐患点安装视频系统加强监测,并通过无线广播站进行预警。

②崩塌主要监测降雨量、地表位移等,对重要隐患点安装视频系统加强监测,并通过无线广播站进行预警。

③泥石流主要监测降雨量、次声、地声、泥位等,同时安装视频监测系统进行监测,并通过无线广播站进行预警。

根据以往建设经验,自动化监测效果的保障,关键在于地质灾害隐患点可监测性的综合分析和科学研究,选取合理的隐患监测点位,制订监测方案,明确设备选型和布局,达到有效监测和预警预报的目的。同时系统应统一数据接口,不同厂商、不同设备数据要通过统一数据结构标准进入系统进行处理。

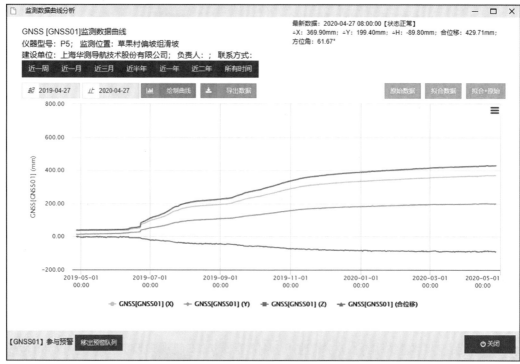

**图 2.15 贵州省地质灾害自动化实时监测系统**

增加地质灾害隐患专业自动化监测覆盖面:建议对威胁 30 人以上的高风险隐患点安装自动化监测设备及自动报警设备。

## 2.3　暴雨洪涝现状与防灾减灾

### 2.3.1　暴雨洪涝灾害现状

1）贵州省暴雨特征分析

喀斯特山区暴雨分为两高切变型、南支槽型、冷锋低槽型和低涡切变型。贵州省地处云贵高原向广西丘陵平原过渡的斜坡地带,地形地貌、地质构造复杂,山地多,具有典型的喀斯特山地地形特征,河流纵横交错,切割地形,天气复杂多变。暴雨洪涝灾害是贵州省夏季的主要气象灾害之一,其发生和发展具有洪流流速快、冲刷力强、历时短暂、挟带泥石多、来势凶猛和破坏力强等特征。

统计贵州省 1960—2011 年最大日降雨量数据(图 2.16)发现,贵州最大日降雨量存在递增趋势,以 2.3 mm/10 a 速率递增。日降雨量最大值为 336.7 mm(1976 年),最小值为 134 mm(1981 年),平均值为 205.1 mm。以每 10 年进行分析,年最大日降雨量增加速率分别为 6.2 mm/10 a(1961—1970 年)、15.4 mm/10 a(1971—1980 年)、3.3 mm/10 a(1981—1990 年)、33.8 mm/10 a(1991—2000 年)和 38.4 mm/10 a(2001—2011 年),增长速率整体上也在上升,这在一定程度上反映出贵州省极端暴雨气象天气也呈现出逐年增加的趋势。

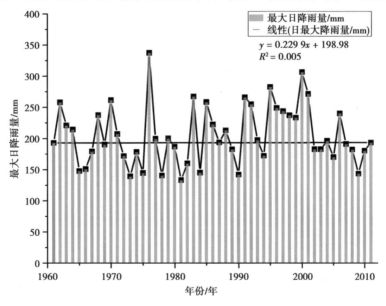

图 2.16　贵州省最大日降雨量年际变化趋势

统计贵州省最大日降雨量、最大日降雨量平均值与全年月份的时间关系,如图 2.17 所示,最大日降雨量随着月份的变化呈现双峰分布特征,每年的 5 月和 9 月为峰值月,其中 5 月为峰值点,最大值为 336.7 mm;最大日降雨量平均值随着月份的变化呈单峰分布特征,每年的 7 月为峰值点。整体而言,贵州省降雨时间较长,汛期为每年的 4—9 月。

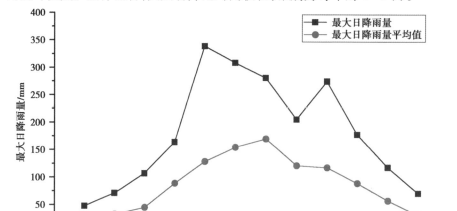

图 2.17　贵州省最大日降雨量月变化趋势

贵州省最大日降雨量季节差异明显,春季、秋季呈递减趋势,夏季、冬季呈递增趋势,夏季变化率最大。汛期日降雨量在空间分布上,西南部和南部的部分区域较为集中,相应地此区域也是山洪、水土流失、泥石流多发区;非汛期最大日降雨量高值主要集中在东部和东南部区域。

贵州省的暴雨日数差异较大,全省多年平均暴雨日数为 3.1 d,西南部、南部和东北部较多,在 3 d 以上;西北部最少不到 2 d,其余地区在 2~3 d。全省年均暴雨日数最多是 5.3 d,出现在六枝;最少是 1.1 d,出现在威宁。遵义市平均暴雨日数为 2.5 d,年平均暴雨日数最多是 3.4 d,出现在凤冈,最少是 1.9 d,出现在仁怀。福泉市年平均暴雨日数为 2.8 d。贵州省常年暴雨日数分布图如图 2.18 所示。

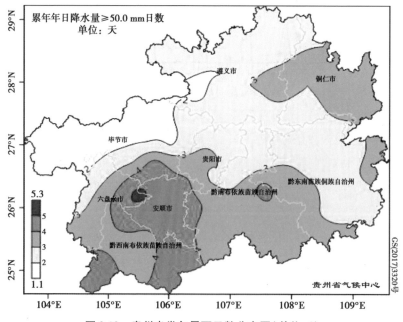

图 2.18　贵州省常年暴雨日数分布图(单位:d)

2）岩溶区洪涝灾害的类型

结合上述分析可知,贵州省喀斯特山区的地貌形态类型组合呈现出多样性,分布面积广泛,岩溶区地下溶洞管道和裂隙发育复杂,暴雨在不同的喀斯特地貌类型中产汇流具有差异性,因此,按照岩溶区洪水与洪涝灾害形成的自然因素、下垫面条件、灾害性质等特征的差异性,将岩溶区洪涝灾害大致分为三种类型。

（1）山洪型洪灾

在斜坡下垫面植被保护不良、山高坡陡沟长地貌单元中,极端暴雨短时汇流容易形成突发性的洪水灾害。同时由于斜坡植被覆盖少,岩土体松散,极端暴雨条件下往往容易引发泥石流和滑坡等不同性质的灾害,一般顺序是先山洪后滑坡再泥石流。山洪与泥石流可按含砂量的大小进行分类。

（2）河道型洪灾

贵州省水系分布广泛,特别是中小河两岸的河谷台地和盆地,土壤肥沃,历来是山区条件最好的地方,人口分布稠密,经济较为发达,但同时此区域人与洪水争夺土地的现象相当激烈。区域内流域面积、河道宽高尺寸及淤堵情况、暴雨笼罩面积及洪水量级对河道型山洪灾害的形成具有重要影响。洪水急涨快退、灾害损失较为严重是河道型洪灾的典型特征。

（3）岩溶洼地洪涝灾

贵州省喀斯特山区岩溶盆地和洼地分布广泛,根据其地面的封闭性和地下渗透连通性指标,大致可划分为以下三种类型:①封闭型盆地、洼地;②渗漏性能较好的旱涝坝子;③峰丛洼地和峰林槽谷。一旦遭遇暴雨,消退不及便造成洪涝。较为典型的例子如桐梓县葫芦坝(封闭型岩溶盆地)、安顺油菜河(峰丛洼地和峰林槽谷组成的梯级岩溶洼地)。

3）岩溶洪涝的类型危害

贵州省洪涝灾害在 2002 年、2007 年及 2010 年造成的人口死亡数最多,分别为 138 人、119 人、97 人,经济损失近年来逐渐升高;2014 年及 2016 年由于气候异常,洪涝灾害较多、较强,2014 年全省 9 个市(州)和贵安新区共 1 267 个乡镇 716 万人遭受洪涝灾害,洪灾导致直接经济总损失 126.6 亿元;2016 年,全省共 804 个乡(镇)323.157 万人遭受洪涝灾害,房屋倒塌 14 616 间,因灾死亡 44 人、失踪 12 人,因灾转移人口 27.334 万人,洪涝灾害造成直接经济损失 109.189 亿元。

2000—2016 年贵州省洪涝灾害人员与财产损失统计如图 2.19 所示。

贵州省岩溶区洪涝灾害造成的危害也是较大的,主要表现为:

（1）耕地的破坏

根据贵州省 2009—2019 年的统计年鉴,贵州省岩溶区农民平均占用耕地仅 1.5 亩($1$ 亩 $\approx 667 \ m^2$),耕地的缺少是粮食产量不高、农民经济收入低下的重要原因之一。在岩溶地质环境下形成的岩溶洼地洪涝中,由于相当数量的洼地长期被淹没,洼地中的耕地被迫废置。典型的实例如惠水县羡塘乡西混村的水淹坝洪涝洼地、平塘县谷洞洪涝洼地、黔西县甘棠乡新田村岩溶洪涝洼地、纳雍县老凹坝岩溶洪涝洼地、务川县石潮乡沙坝村岩溶洪涝洼地等，单个洪涝洼地面积均在 1 km² 以上，洪涝淹没的耕地面积多达 1 000~1 500 亩。

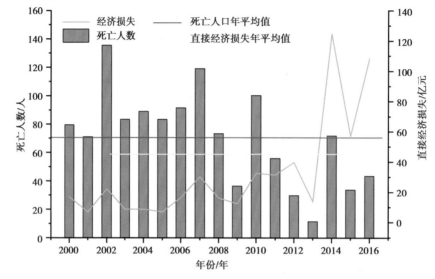

图 2.19　2000—2016 年贵州省洪涝灾害人员与财产损失统计

（2）粮食减产

调查资料显示，岩溶山区洼地连续淹没 5~7 d，就可能造成粮食减产甚至绝收。如思南县塘头镇芭蕉村岩溶洪涝造成 8 000 余亩农作物减产 6 成，务川县石潮乡沙坝村岩溶洼地洪涝、普定县城关镇抄纸村岩溶洼地洪涝均造成 1 000 亩以上的农田绝收。据不完全统计，贵州省的岩溶洼地洪涝一年至少淹没耕地 90 万亩，造成粮食减产 9 000 万 kg，导致岩溶洪涝区缺粮贫困。

（3）房屋破坏

受地形条件的限制，喀斯特岩溶洼地和槽谷地带地势平缓，土地易耕种，历来是农村建房的主要区域，但同时汛期暴雨易导致洼地水位抬升，造成居民房屋淹没受损。例如都匀市凯口镇和道真县玉溪镇（中心城区）汛期暴雨引发岩溶洪涝造成大量房屋进水，多人受困。

（4）中断交通

部分交通公路穿过岩溶洼地，雨季洼地淹没造成交通中断的事件时有发生。例如穿过水城—玉舍段的魏家寨岩溶洼地的水盘公路，几乎每年汛期都会受淹 2~3 次，淹没时间最长达 15 d；210 国道贵（阳）—遵（义）段经过的息烽阳郎岩溶洼地在暴雨季节也常有被淹没的情况，造成交通中断；岑巩县凯本乡沈家湾岩溶洪涝淹没公路，中断交通运输曾达 10 余天等。

4）岩溶洪涝的分布

（1）时间分布特征

贵州省洪涝灾害主要发生在 5—10 月（汛期），又以 6—8 月为主，其中 7 月为历年洪涝灾害综合最频发月份。统计贵州省 1961—2017 年 5—10 月累计发生洪涝灾害的次数，结果如图 2.20 所示。

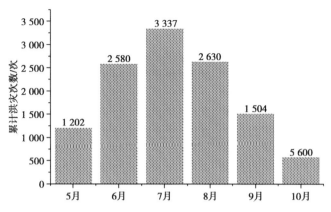

图 2.20　1961—2017 年贵州省汛期洪涝灾害发生次数总和

根据"喀斯特数据中心"提供的历年旱涝分布图集以及 2009—2019 年气象灾害简报,对西南八省(市、区)十分区 1900—2019 年 119 年间旱涝灾害严重程度进行统计发现,历史上贵州省岩溶区洪水总体上呈现"2~3 年中洪,5~8 年大洪"的特点,岩溶区特有的洪涝灾害年年不断、灾情严重、旷日持久。

(2)空间分布特征

据不完全调查统计,省内共有洪涝灾害点 593 处,其中非岩溶区洪涝灾害点 68 处、岩溶区洪涝灾害点 525 处。岩溶区洪涝灾害的形成与岩溶地质环境密切相关,在地层岩性上,主要分布在石灰岩分布区,在地貌上,主要分布在峰丛洼地地带。

525 处岩溶区洪涝灾害淹没土地总面积 302 368.5 亩。单个岩溶洪涝洼地中遭受淹没的耕地面积规模大多数为 300~500 亩,最大者是处在黎平县中潮镇良朋村的洪涝洼地,面积达 7 000 亩。按受淹面积的大小将岩溶区洪涝灾害分为大型(>500 亩)、中型(50~500 亩)和小型(<50 亩)三个类型。其中大型 105 处,受淹面积达 253 797 亩;中型 238 处,受淹面积达 11 664.5 亩;小型 182 处,受淹面积达 2 907 亩。按岩溶洪涝洼(谷)地的形态,可将岩溶区洪涝灾害分为封闭型和半封闭型两类,前者占 76.38%,后者占 23.62%(表 2.7)。

表 2.7　岩溶区洪涝灾害特征表

| 分类 | 规　模 | | 受淹面积 | | 分类 | 数量/亩 | 比例/% |
|---|---|---|---|---|---|---|---|
| | 数量/处 | 比例/% | 数量/亩 | 比例/% | | | |
| 大型(>500 亩) | 105 | 20 | 253 797 | 83.94 | 峰丛洼地 | 285 | 54.29 |
| 中型(50~500 亩) | 238 | 45.33 | 11 664.5 | 15.1 | 溶丘洼地 | 123 | 23.43 |
| 小型(<500 亩) | 182 | 34.67 | 2 907 | 0.96 | 峰丛谷地 | 117 | 22.28 |
| 合计 | 525 | 100 | 302 368.5 | 100 | 封闭型 | 401 | 76.38 |
| | | | | | 半封闭型 | 124 | 23.62 |

袁道先等将贵州省岩溶区划分为易涝区、较易涝区和不易涝区(图 2.21),从分布的地理位置上看,主要分布在威宁龙街—黑石头、关岭—册亨线以西,盘县中部的鸡场坪—保田一

带和遵义—湄潭—德江、贵定—黄平—玉屏、息烽—贵阳—安顺一带。岩溶区洪涝灾害特征如表2.8所示。

Ⅰ—易涝区；Ⅱ—较易涝区；Ⅲ—不易涝区；Ⅳ—非岩溶区

**图2.21 贵州省岩溶区易涝趋势图**

表2.8 贵州省岩溶洪涝灾害的分布及特征

| 地貌部位 | 峰丛洼地、岩溶丘陵洼地和岩溶峰丛谷地 |
|---|---|
| 地层 | $T_1yn$、$P_1q+m$、$C_{2-3}ls$、$C_1b$、$T_2g$、$C_2hn+m$ 和 $C_1q$ 等地层中 |
| 岩石组合 | 主要分布在纯碳酸盐类岩石区；其次分布在碳酸盐岩与碎屑岩互夹或互层中，前者占78.67%，后者占21.33% |
| 构造位置 | 沿断裂带或断裂呈串珠状分布 |
| 时间分布 | 5—10月，与降雨同步 |

### 2.3.2 暴雨洪涝灾害成因分析

对贵州省岩溶区洪涝灾害起控制作用的主要因素包括降雨量分配不均、水资源利用率低、岩溶地貌发育完全、水资源开发难度大、岩层含水性等。

1）气象因素

降雨量分配不均，水资源利用率低。贵州省地处亚热带湿润气候，雨热同季，年降雨量在800~1 700 mm（表2.9），暴雨洪涝灾害主要发生在主汛期6—8月，洪灾发生次数最多的是7月，其次是8月，5月、9月和10月也多发。灾害类型以洪灾为主，占95%，涝灾只有5%。贵州省常年受到西南季风和东南季风的影响，大量水汽在此凝结，容易形成暴雨。气象学上将日降雨量≥50 mm或连续三日累计降雨量≥100 mm称为一次暴雨事件，贵州省喀斯特山区短时大强度暴雨、降雨区域集中是形成洪涝灾害的主要原因。

表 2.9 贵州省近三年降雨量统计

| 地 区 | 降雨量/mm | | |
|---|---|---|---|
| | 2019 年 | 2018 年 | 2017 年 |
| 贵阳市 | 1 252.8 | 1 253.2 | 1 165.9 |
| 六盘水市 | 1 168.2 | 1 190.2 | 1 342.6 |
| 遵义市 | 1 190.3 | 904.9 | 932.1 |
| 安顺市 | 1 221.9 | 1 537.4 | 881.2 |
| 毕节市 | 980.4 | 917.0 | 1 174.4 |
| 铜仁市 | 1 344.0 | 1 126.7 | 881.2 |
| 兴义市 | 1 325.9 | 1 323.0 | 1 343.3 |
| 凯里市 | 1 348.1 | 1 285.6 | 1 666.4 |
| 都匀市 | 1 443.8 | 1 723.9 | 1 069.7 |
| 清镇市 | 1 419.4 | 1 313.1 | 1 587.6 |
| 盘州市 | 1 028.3 | 1 119.7 | 1 531.6 |
| 赤水市 | 1 224.7 | 1 427.0 | 1 259.2 |
| 仁怀市 | 1 359.9 | 1 016.3 | 1 100.8 |
| 兴义市 | 123.8 | 1 148.8 | 1 104.5 |
| 福泉市 | 1 318.6 | 1 231.9 | 1 192.3 |
| 全省平均 | 1 257.1 | 1 233.0 | 1 239.4 |

2）地貌与水文

山原、山地和部分丘陵构成贵州省的主要地貌,中间分布一定数量的山间盆地和河谷台地。总体地势西高东低,河网水系大部分发源于中西部,向东、东北、东南方向流动,山高水低,水流湍急,洪枯水位变化明显,在暴雨来临之际,河水陡涨,但山间盆地和河谷台地积水面积有限(1%左右),缺乏调蓄能力,容易形成洪涝灾害。区域内岩溶发育强烈,基岩裸露,土层薄且零星分布(图 2.22),地表溶蚀沟槽、岩溶漏斗及洼地、竖井等与地下溶洞、岩溶管道等构成地表物质与能量迅速渗透转移的复杂介质结构系统,地表河流稀少,但地下水文网发育。大气降水和地表水容易通过溶隙、落水洞等渗入地下,岩溶渗漏严重,因此容易造成"地表滴水贵如油,地下河水白白流,一场暴雨十日涝,十日不雨禾焦头"的岩溶型旱涝现象。总之,喀斯特岩溶水系统中发育着特殊的地表和地下双重排水系统,暴雨季节汇集在洼(谷)的地表水排泄不畅造成洼地的洪涝淹没(图 2.23),同时由于地下岩溶通道排泄不畅,丰水季节来自上游的地下水流量大于岩溶通道的泄水能力,堵塞段上游地下水位大幅度抬升,高于岩溶洼(谷)地,而导致洪涝淹没产生(图 2.24)。

图 2.22　喀斯特地貌导致土壤流失

图 2.23　喀斯特洼地及其洪涝灾害

图 2.24　城市洪涝灾害

图 2.25　喀斯特山区的粗放开垦

3）人类活动

在过去的几十年中,不科学的砍伐开垦(图 2.25),对生态体系造成了极大破坏,诸如石漠化、水土流失、洪涝等生态环境问题突出。山地斜坡林草具有保水固土、防涝抗旱和调节气候等功能。一方面,发达的植被根系增强岩土体的强度,茂密树叶增强抗冲刷能力,减少土壤水土流失;另一方面,植被败落形成的腐殖土层,具有一定的蓄水能力。因此森林一旦遭受滥伐和破坏,势必会造成斜坡大面积岩石裸露,进而失去保持水土、涵蓄水源的功能,降雨时山区来水顺坡而下,从而导致洪涝灾害频发。

### 2.3.3　暴雨洪涝防灾减灾

1）工程措施

目前,贵州省岩溶洪涝的治理主要集中在水利部门开展的水利及防洪工程。岩溶区防洪工程性措施主要包括修建蓄水工程;修建堤防工程;修建河道堡坎和丁坝工程;修建水土保持工程;修建排洪洞工程;河道疏浚工程;搬迁重要保护对象等。

以贵州省舞阳河流域路腊岩溶洪涝洼地为例:路腊岩溶洪涝洼地位于铜仁市东北部云场坪镇路腊村,属于半封闭流域,洼地现有耕地 700 亩,土质肥沃,是云场坪镇的粮食生产区。由于无排洪设施,每到雨季洪水季节,洪水无法疏通,洼地内的农田三年两涝,淹没面积约 500 亩,绝收面积约 350 亩,粮食产量相当低,年均单产仅 150~250 kg/亩。农业综合经济损失达每年 10.15 万元,给该地农业生产、群众生活造成严重危害。水利及防洪工程的主要任务是解决洼地内频发的洪涝灾害,改善农业生产条件,保证洼地内 700 亩农田稳产、高产,保护农户 181 户、720 人。后期的工程治理措施按照 10 年一遇一日暴雨、三日排完的标准设计,通过排洪渠和排洪支渠建筑物将洪水引入邻近的路腊河内,使工程方案达到既能满足排洪要求,又经济安全,实现最大的效益。

2) 非工程措施

岩溶区防洪非工程措施主要包括防洪法规建设;防汛抢险组织建设;防汛预报系统和防汛指挥调度通信系统建设;洪涝灾害防灾减灾宣讲;防洪保险等。

贵州省岩溶区强降水天气过程极易引发洪涝及其次生、衍生灾害,全省各级民政、水利、农业、国土资源、地震、气象相关部门制订了一定的汛期防灾减灾救灾应急预案体系,切实加强组织领导和统筹协调,强化灾情信息管理与数据及时共享互通,认真执行灾情会商制度。主要涉灾部门负责人实施 24 h 带班和值班制度,落实双休日和节假日值班工作机制,发生重大灾情要及时处置并第一时间上报。

贵州省气象部门在汛期出现暴雨等突发性气象灾害前开展了"三个叫应"服务举措,气象部门管理人员通过电话将气象预警信息对点传递到县、乡镇、村领导和有关责任人,县、乡镇、村领导及相关责任人立即提醒各级政府和基层人民群众做好防御,提升预警传播的时效性,真正做到气象预警"发得出、送得到、叫得应"。

气象部门及时做好雨情、水情、汛情的近期趋势分析,针对灾害性天气过程进行全方位实时监测预警预报,严密防范暴雨导致的各类次生和衍生灾害。规范启动预警响应任务,承担"三个叫应"使命,借助手机短信、微信公众号、广播电视、电子显示屏等多元化途径,滚动发布预报信息,加密信息发布频率,实现信息到户、到人全覆盖,有效解决信息发布"最后一公里"问题,实现防灾效益最大化。

3) 现状与问题

贵州省针对岩溶洪涝洼地水文地质条件进行专项调查、勘探和研究工作的程度仍需加强。由于大多数岩溶洪涝洼地的成因和地下管道结构不明,治理工程主要采用地表排洪渠和人工排洪隧洞开挖来解决排水问题,这对周边山体较为单薄、相邻河谷或沟谷标高低于洼地的岩溶洪涝洼地,无疑具有良好的社会、经济和环境效益。但是,对于周边山体厚大、相邻河谷或沟谷标高高于洼地的岩溶洪涝洼地来说,治理的难度则较大、工程成本较高。因此,较多的洪涝洼地尚未得到整治。工程治理前需开展岩溶洼地水文地质调查,查明岩溶洼地成因类型、地下河的结构与空间分布特征、地下河管道堵塞部位与堵塞物类型,获取地下河的汇水面积与洪峰流量等基础信息,在此基础上进行综合治理,才能使治理效果达到最佳。对于山区洪涝灾害,科学有效的风险识别、普查和评价工作有待加强。要充分利用科研机构、高校、各级减灾委员会职能部门和民间团体力量,进一步组织和开展灾害隐患的多期次排查、巡查和检查工作,综合开展威胁区域范围内的承灾体信息调查,重点加强工厂、学校避灾场所、临建设施等人口密集区域的安全风险评价,不留盲区、不留死角,努力将灾害风险和损失降到最低。

全民防抗洪灾意识仍需加强。政府部门应注重加强老弱病残及中小学等未成年人群的防汛自救知识科普宣讲工作,采取有效措施预防和应对灾害。应急救援和灾害重建工作的时效性需要加强。各级部门时刻备灾,确保一旦发生灾害,抢险人员、物资能迅速到位,确保灾后 12 h 内受灾群众得到有效救助,最大限度减少人民群众的生命和财产损失,及时组织开展灾后恢复重建工作,保障灾区尽早恢复正常的生产生活秩序,全面建立以"预防—预报—预警、防洪—抢险—减灾—灾后重建"的防灾减灾保障机制。

## 2.4 干旱灾害现状与防灾减灾

### 2.4.1 干旱灾害现状

贵州省旱灾以夏旱最频繁,占干旱总数的 59.9%。春旱次之,占干旱总数的 29.7%。秋旱占 9.9%,而冬旱仅占 0.5%左右。西部边缘和南部边缘地带发生冬春旱的概率在 60%以上,是冬春旱防治的重要区域;毕节中东部、贵阳北部、黔南州北部、铜仁北部以及遵义地区发生冬春旱的概率在 20%以下,其他地区发生冬春旱的概率为 20%~60%。夏旱总体上相对较轻,播州区、思南、锦屏发生轻级以上夏旱的概率大于 60%;省中部和东部其他地区发生轻级以上夏旱的概率为 20%~60%;西部发生轻级以上干旱的概率在 20%以下。秋旱分布与春旱和夏旱分布差别较大,主要集中在中部地区,值得注意的是罗甸地区是秋旱最为严重的地区。

图 2.26  喀斯特山区石漠化及干旱

对比各季节的平均干旱频率,喀斯特山区的季节性干旱频率变化较小(图 2.26),各季节干旱空间分布特征具有明显的地区差异性,西南地区春旱较为集中,东南地区春旱、夏旱多发,西北地区夏旱发生频率较高,中部地区秋旱频发,表 2.10 记录了贵州省 1961—2016 年的干旱事件。

表 2.10　贵州省 1961—2016 年干旱事件

| 序号 | 起止时间 | 持续时间 /月 | 累积降水距平百分率 /% | 月平均降水距平百分率 /% |
|---|---|---|---|---|
| 1 | 1962 年 11 月—1963 年 4 月 | 6 | −204 | −34.00 |
| 2 | 1966 年 1 月—1966 年 3 月 | 3 | −135 | −45.00 |
| 3 | 1966 年 6 月—1966 年 9 月 | 4 | −139 | −34.75 |
| 4 | 1968 年 12 月—1969 年 4 月 | 5 | −156 | −31.20 |
| 5 | 1972 年 6 月—1972 年 8 月 | 3 | −157 | −52.33 |
| 6 | 1973 年 12 月—1974 年 3 月 | 4 | −145 | −36.25 |
| 7 | 1977 年 12 月—1978 年 4 月 | 5 | −230 | −46.00 |
| 8 | 1978 年 12 月—1979 年 5 月 | 6 | −194 | −32.33 |
| 9 | 1986 年 12 月—1987 年 4 月 | 5 | −224 | −44.80 |
| 10 | 1988 年 3 月—1988 年 7 月 | 5 | −162 | −32.40 |
| 11 | 1988 年 10 月—1989 年 2 月 | 5 | −208 | −41.60 |
| 12 | 1989 年 4 月—1989 年 7 月 | 4 | −126 | −31.50 |
| 13 | 1992 年 8 月—1992 年 11 月 | 4 | −152 | −38.00 |
| 14 | 1995 年 12 月—1996 年 2 月 | 3 | −132 | −44.00 |
| 15 | 2003 年 8 月—2003 年 11 月 | 4 | −136 | −34.00 |
| 16 | 2007 年 10 月—2008 年 2 月 | 5 | −186 | −37.20 |
| 17 | 2009 年 5 月—2010 年 5 月 | 13 | −466 | −35.85 |
| 18 | 2011 年 2 月—2011 年 9 月 | 8 | −358 | −44.75 |
| 19 | 2012 年 10 月—2013 年 2 月 | 5 | −153 | −30.60 |

对于干旱引起的经济损失,最为直观地表现在农业、畜牧养殖业方面。比如:2010 年旱灾,贵州全省 88 个县(市、区)有 85 个县(市、区)不同程度受灾,其中,受灾较为严重的有 54 个县(市、区)、482 个乡(镇)。受灾总人口达 1 991.52 万人;农作物受灾面积达 156.83 万 hm²,其中,成灾 112 万 hm²,绝收 51.86 万 hm²。因灾造成直接经济损失 139.98 亿元,其中,农业直接经济损失 95.5 亿元,工业和基础设施等损失 44.48 亿元,另外还有许多无法估量的或无法用经济指标衡量的间接损失。2013 年贵州省各地区均出现不同程度旱情,126.6 万 hm² 农作物受灾,1 667.25 万人口受到影响,经济损失 96.43 亿元,统计全省特旱县区 43 个,重旱县区 25 个,中轻旱区 15 个。

### 2.4.2 干旱灾害主要特征

基于国内气象灾害简报(1991—2019年)和旱涝灾害等值线分布统计结果,贵州省喀斯特山区在历史上发生干旱灾害事件呈现出"每年旱灾,3～6年中旱,7～10年重旱"的规律,受季节变化影响,夏季干旱问题尤为突出。干旱灾害主要表现为以下特征。

(1)发生频率高

贵州省基本每年都会发生干旱灾害事件,区域上呈现出轻重差异性,受季节影响变化较大,其中夏季干旱发生频率最高、影响范围最大,春旱次之。

(2)分布范围广、地域性明显

干旱灾害事件在空间上呈现出东部严重、西部较轻的特征。根据空间上出现干旱灾害的轻重程度,可将受灾区域从西向东划分为四类区域:①重度干旱区(黔东南州、铜仁地区和遵义市南部);②中度干旱区(黔南州、遵义市的大部,毕节、安顺两地级市的东北部以及贵阳市);③轻度干旱区(毕节和安顺两地级市的大部、黔南州西南部);④轻微干旱区(六盘水市、黔西南州、毕节市南部和安顺市西南部)。

(3)季节性明显

夏季干旱发生次数最多、频率最高(占比59.9%),春季干旱其次(占比29.7%),秋旱再次(占9.9%),冬旱最低(仅占0.5%左右)。对比各季节的平均干旱概率空间分布(图2.27、图2.28)可知,喀斯特山区各季节干旱概率分布具有显著的地区空间差异性,贵州省的西部

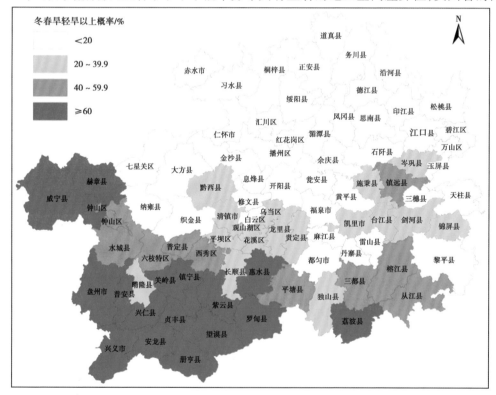

**图2.27　贵州省近多年冬春旱概率空间分布**

边缘和南部边缘一带发生冬春旱的概率在 60% 以上,是春旱防治的重要区域;毕节中东部、贵阳北部、黔南州北部、铜仁北部以及遵义地区发生冬春旱的概率在 20% 以下,其他地区发生冬春旱的概率在 20%～60%。夏旱总体上相对较轻,播州区、思南、锦屏发生轻级以上夏旱的概率大于 60%;省中部和东部其他地区发生轻级以上夏旱的概率在 20%～60%,西部发生轻级以上夏旱的概率在 20% 以下。秋旱分布同春旱和夏旱分布差别较大,主要集中在中部地区,罗甸地区的秋旱问题尤为突出。

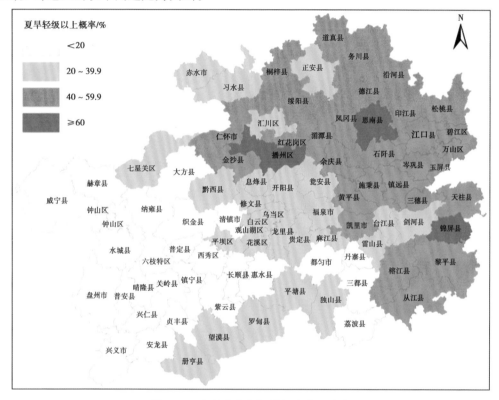

图 2.28　贵州省多年夏旱概率空间分布

（4）灾情严重

贵州省喀斯特山区农村居民安全用水问题突出,在严重干旱季节和重旱区域,往往会造成沟井泉枯竭、溪河断流,大量的农村人口饮水问题、农作物灌溉问题和牲畜饮水等问题突出,造成大量农作物绝收（图 2.29）。

### 2.4.3　旱灾成因分析

贵州省喀斯特山区岩溶环境、极端气候及不合理的工业生产造成的水资源污染和破坏是岩溶山区缺水干旱的

图 2.29　干旱导致农作物绝收

三个主要原因。据推算,到 2020 年,全省用水需求将超过 150 亿 $m^3$,水资源缺口达 34 亿 $m^3$ 以上,可用水资源缺乏问题仍较为突出。

### 1)岩溶环境与工程性缺水

贵州省岩溶地质环境导致的工程性缺水区空间分布与岩溶水文地质条件息息相关。岩溶地区特殊的地理位置及岩溶水系统"双层结构"特征,决定了岩溶发育的极不均匀性。石灰岩地区地形侵蚀切割严重,高原斜坡、河谷岸坡等陡峭山地不利于大气降水的存储与滞留;有利于储存水源的地表岩溶洼地往往与地下岩溶管道相互连通,造成地表水渗漏;四通八达的地下"开放型"岩溶水系统不利于地下水赋存,最终导致广大的岩溶山区(特别是斜坡峰丛洼地区)地表水资源和可用地下水极为缺乏,因此,即使是在年降水量较为丰沛的区域同样也会出现常年缺水的特殊干旱状态。全省由于特殊的岩溶地质环境问题引发的工程缺水问题较为普遍,分布区面积较大,主要集中在贵州西北的乌蒙山区、黔北的大娄山区、黔东武陵山区、黔中—黔南的麻山和瑶山地区,以及北盘江、南盘江、乌江等河谷斜坡地带。在行政区域上,分别为黔西片区的毕节市、六盘水市,安顺市的紫云及黔东南州的长顺、平塘、罗甸等县,遵义市的仁怀、习水、正安、道真、务川及铜仁市的德江、沿河等县。

### 2)极端气候与干旱缺水

近年来全球气候变化造成的极端气候频繁出现,气象干旱呈现常态化的趋势。2009—2011 年,我国西南滇、黔、桂三省岩溶石山地区连续出现了百年一遇的气象干旱,大气降水量与同期相比大幅度减少,而持续高温使地表蒸发量增加。在特大干旱气候条件下,本来地表水文网就不发育的地势相对平缓的盆地、谷地地表河溪大量断流,水库及山塘的库容得不到有效的补充,井、泉流量减小甚至干涸,出现大面积的干旱灾害。在原本岩溶背景条件下工程性缺水就极为严重的岩溶山区和河谷斜坡地带,气象造成的降水量减少和地下水深埋的岩溶环境双重因素叠加,缺水干旱灾害更加严重。

### 3)水源污染与破坏

贵州省地表和地下水源污染问题仍较为突出。贵州省各类矿产资源丰富,岩溶环境本就脆弱,工业矿产及其废弃物处置不当造成的水环境污染与破坏事件多发。例如 2006 年贵州六枝特区水源污染、2007 年贞丰水银洞金矿溃坝导致的水源污染、2008 和 2010 年织金县城市建设导致的突发性水源干涸、2011 年贵州乌江水污染事件、2018 年开阳县洋水河流域总磷污染等。

## 2.4.4 旱灾防灾减灾

针对贵州省存在的严重岩溶干旱缺水问题,国家有关部门、省委、省政府均给予了高度重视,在岩溶石山区开展了大量以解决缺水问题为主要目的的地表水利工程和地下水勘查开发工作,取得了显著的成效。但是,岩溶石山地区的岩溶水文地质条件是极其复杂的,加之历史原因导致的基础研究工作薄弱,干旱防灾减灾工作仍然存在一些问题。

（1）地表水利工程及地表水资源开发利用

贵州省水利厅的相关资料显示,至 2018 年底,全省在运行大中型水库 111 座,全省引、提、调水工程 4.2 万处,雨水集蓄利用工程 48.7 万余处;至 2019 年末,全省水利工程蓄水量达到 150 亿 m³,全省供水量 98 亿 m³,其中地表水资源供水量为 91 亿 m³,成为省内解决工农业生产、城镇和农村生活供水的骨干工程,为解决岩溶山区缺水问题起到了重要作用。

（2）地下水资源的开发利用

贵州省年均地下水资源量达到 128.162 亿 m³,地下水呈现水质好、分布零散、补给复杂、区域分布不均匀和丰水期储量大等特征。《贵州岩溶石山地区地下水资源及生态环境地质研究报告》统计数据显示,目前贵州全省地下水开发量仅占总水资源量的 12.26%,地下河及岩溶大泉工程开发利用不足 25%,整体上地下水资源开发利用的潜能较大。

目前,在查明了地下河系统水文地质条件和开采利用条件的前提下,分别采用"堵""蓄""引""提"等工程手段进行地下水开发利用,是贵州省内对地下河开发利用的重要方式。21 世纪以来,贵州省地质调查院采用"堵、蓄、提、引"相组合的工程手段实施了以平塘县巨木地下河为代表的"低位"地下河一体化开发,采用"堵、截、引"相组合的工程手段实施了以道真上坝地下河为代表的"高位"地下河开发。这些工作,探索了不同类型地下河系统有效开发利用的模式,为贵州省地下河的开发利用起到了示范作用。水利部门也分别在省内实施了一定数量的地下河开发工程,充分利用地下水出露泉点修建农村饮水蓄水工程。据不完全统计,全省开发地下河及岩溶大泉 708 条,尚未开发的地下河及岩溶大泉 2 302 条。

机井地下水开发工程:在地下水富集的地区,利用机井开发地下水,是用于分散的工矿、乡镇生活供水,特别是在应急抗旱中解决干旱区的生活与生产供水的重要手段。2007—2010 年财政总投资 1.9 亿元,在全省严重缺水地区为农村饮水安全工程施工地下水探采结合孔 607 个,成井 495 口,直接解决 100 多万人的饮水问题,同时还为水源所在地部分农田提供补充灌溉水源,并对缺水区调查了岩溶大泉(流量大于 5 L/s)1 143 处、地下河 363 条。

（3）存在的主要问题

①水资源利用率较低。目前贵州省水利基础工程建设仍不足,水利工程建设对工农业发展意义重大,然而省内的现状是小型水库多,大中型水利工程或水库建设数量偏少,整体上储水调控能力偏弱。结合贵州省地表与地下水资源赋存和开发利用前景,进一步规划建设一批大中型水库项目,对提供水资源储藏能力,从根本解决缺水问题意义重大。

②资源的调动分配能力差。省内水资源储量不均匀,有半数以上的城市和乡镇受到缺水问题的威胁。但由于缺乏远距离输水工程和大型调水工程的支撑和保证,许多水资源无法分配到迫切需求的地方。

③水库安全隐患。小型水库安全监管与隐患问题突出,用水质量难以保证,加强小型水利工程安全隐患排查、维修与安全监察对保障用水安全十分必要。

④人才队伍建设滞后。专业的水资源管理人员匹配不全,水务管理随着社会经济的转型而发生改变,水务管理将面临很多新问题,应加强管理人员培训、进修等工作,注重引进各类水利人才,逐步实现水利管理现代化。

⑤信息化建设滞后。水利设施基础较薄弱,信息化程度不高,制约了流域现代化管理的发展。

## 2.5 低温凝冻灾害现状与防灾减灾

### 2.5.1 低温凝冻灾害现状

贵州省地处云贵高原东侧,冬季是季风盛行的季节,也是北方冷空气侵入与南方暖气流交汇而形成静止锋活动较频繁的时期。在冬季静止锋的作用下,贵州各地区常出现低温、高湿和阴雨连绵的天气,当温度降至 0 ℃左右时,极易出现冻雨。冻雨常使路面积水冻结或半冻结,影响车辆通行,也造成电力输电线路严重覆冰而损坏输电基础设施或压断线路(图2.30)。此外,凝冻灾害也极大地影响越冬农作物,因冰雪过重而压断大量树木等。在贵州常称上述自然灾害现象为"凝冻"。

**图 2.30　输电线路严重覆冰**

贵州省代表性的低温凝冻灾害出现在 2008 年、2011 年及 2018 年。2008 年 1 月 13 日—2 月 15 日,贵州省出现低温雨雪冰冻天气,主要是冻雨、湿雪造成的凝冻灾害(陈百炼等,2020)。此次凝冻灾害造成全省 88 个县(市、区)先后不同程度受灾,受灾人口达 2 736 万人(次),因灾死亡 30 人,受灾伤病 8.1 万人(次);农作物受灾 151.87 万 hm²,绝收 47.55 万hm²;房屋倒塌 6.8 万间,其中民房 5.9 万间;房屋损坏 19.3 万间。因凝冻灾害造成全省直接经济损失 348.86 亿元,其中农业直接经济损失 74.2 亿元,畜牧及水产业 11.95 亿元,林业62.44亿元,电力方面 35.2 亿元,水利方面 20.31 亿元,交通方面 14 亿元,通信方面 13.67 亿元,教育广播业 10.52 亿元,市政、商业、工矿等方面 88.57 亿元,民房及其他损失 18 亿元。本次凝冻灾害给人民群众的生产生活造成了极大影响。2008 年 1 月中旬到 2 月中旬,贵州省大部分地区日平均气温持续低于−4 ℃,最低气温达到−10 ℃以下,持续了 30 d 左右,公路滞留人员高峰时达到 10.7 万人,贵阳火车站高峰时滞留旅客 3.5 万人,贵阳机场累计滞留旅客 1.99 万人次;黔南州政府所在地都匀市停水停电 13 d,不少县城停水停电 20 d 以上。

2011 年 1 月，贵州地区出现仅次于 2008 年的低温雨雪凝冻天气，凝冻过程长达 32 d，并伴随三次明显的冷空气影响，有持续时间长、间断性明显、中期降雪强的特点；2018 年，贵州中西部出现持续半个月以上的凝冻天气，造成道路严重结冰，交通事故频发（姚浪等，2020）。

### 2.5.2　低温凝冻灾害成因分析

特殊的地形地貌造成贵州省各区域冻害天气分布的差异，强拉尼娜事件是导致贵州省持续低温雨雪冰冻灾害的重要原因；持续且稳定的大气环流异常是造成贵州地区低温雨雪冰冻灾害频发的直接原因。

①贵州省位于云贵高原东北部。冬季，由于高原地形的阻挡，北方的冷空气经常南下，在西南形成静止锋，长时间盘旋，并与孟加拉湾暖湿气流联合作用，持续输送水汽，造成冰冻天气。由于贵州省特殊的地理位置和喀斯特地貌特征，几乎每年都发生霜冻。凝冻灾害导致电网瘫痪、铁路停运、公路堵塞、机场关闭、通信不畅、电力中断、工业停运、农林损毁，是贵州省最常见的气象灾害之一。据统计，仅 2008 年初，连续发生的低温雨雪冰冻灾害，就给贵州省造成直接经济损失 1 982.5 亿元。贵州省持续性强冻雨集中在 27°N 一带，与我国南方低温阴雨相伴。欧亚大陆中高纬度稳定的阻塞形势和大气环流异常，非常有利于冻雨天气中逆温层的维持。

②2008 年冬天发生了近 50 年来著名的拉尼娜事件。自 2007 年 1 月以来，赤道中东太平洋出现了负海温距平，至同年 8 月，赤道中东太平洋海表温度进入拉尼娜状态后迅速发展，至 2008 年 1 月，已连续 6 个月出现同期海表温度偏低 0.5 ℃以上的情况，1 月赤道中东太平洋海表温度偏低平均 1.5 ℃，为此次事件的高峰期月份。据统计分析，贵州省在拉尼娜年容易出现冷冬，拉尼娜事件是贵州省持续低温雨雪冰冻灾害的重要原因之一。

③欧亚大陆中高纬度大气环流的经度在增加，冬季风较强，冷空气频繁，不断向南入侵；西太平洋副热带高压异常偏北，向中国上空输送大量暖湿空气。此外，青藏高原南缘的南支槽系统活跃，进一步增加了暖湿空气向我国上空的输送，为雨雪凝冻天气提供了充足的水汽条件。由于云贵高原的阻挡，北方南下的冷气团常与来自低纬度海洋的西南暖湿气流相遇，在近地面或中低空形成西北—东南向的锋面，并伴随冷暖空气势力的变化在云南东北部与贵州中部间摆动，这就是著名的昆明准静止锋或云贵准静止锋。准静止锋之后是广泛持续的冷冻气候。南下冷空气团被云贵高原阻挡后被迫上升，导致低层湿空气辐合上升，为凝冻天气形成提供了充足的水汽和动力条件。同时，由于云贵高原的阻挡，昆明准静止锋大部分在云贵高原东部（贵州境内）出现，使得准静止锋后低温阴雨气候长期控制贵州省，造成冬季贵州省凝冻多、时间长的特点。

### 2.5.3　低温凝冻灾害防灾减灾

（1）应急预案体系与应急演练

通过应对 2008 年特大凝冻灾害和 2011 年重大凝冻灾害突发事件。政府联合相关部门认真总结经验,把握工作规律,制定凝冻灾害应急预案体系,加强预案修订工作。各区县、各部门、各行业均按要求对各自预案进行修订完善,构筑"横向到边、纵向到底"的应急预案体系,并加强应急预案演练,每年各级应急办组织三次以上跨部门、跨行业的大规模综合应急演练,供气、供电、供水等特殊行业每年至少演练两次。

此外,每年开展应急物资储备调查工作,根据工作需要进行及时补充。督促供水、供气、供电、供油等公共服务业强化应急物资储备更换工作,以确保应急处置需要,依托防护设施及广场、公园、绿地、体育场馆、学校等公共设施大力建设应急避难场所。创办各级应急管理网,面向社会提供凝冻灾害咨询服务,对城市以及农村开展凝冻灾害防灾减灾科普宣传。

凝冻灾害发生时,省委、省政府领导及分管领导亲赴重点现场坐镇指挥,公安、交通运输、民政等部门及各级党委、政府密切配合。图2.31所示为2019年12月贵州省高速公路凝冻灾害应急演练场景。

**图2.31  2019年12月贵州省高速公路凝冻灾害应急演练场景**

（2）多部门合力防灾减灾

气象部门加强低温凝冻天气过程监测、分析,及时、准确做好天气监测预报预警,每天通过广播、电视、手机、互联网等媒体及时向社会发布气象预报预警信息,注重把握舆论导向,营造良好氛围。

交通运输部门确保交通运输畅通,各有关部门设立固定救援点,实行人员到点、设备到点、物资到点,做到路面湿滑及时处理、事故及时救助和滞留人员及时安置。

消防部门积极开展铲雪除冰、送水送物等救助行动,铁路部门增加人工服务窗口,保障旅客出行和重点物资运输,中国民用航空贵州安全监督管理局协调相关单位建立除冰联动机制,不间断开展防冰、除冰工作,保障航空运输安全、畅通。

民政部门妥善安排灾区群众生活,下拨资金物资,及时向低保、五保和优抚对象发放价格临时补贴,保障人们取暖、用水、用电,稳定市场物价,查处囤积物资、哄抬物价、以假充真、以次充好、欺行霸市、短斤少两、散布虚假信息等扰乱市场秩序的违规违法行为,确保不冻死一人、不饿死一人,抓好基本民生保障工作。

企业着力抓好生产自救,调整生产计划,保障市场供应,降低农业凝冻灾害损失,推动加速发展。

(3)高科技装备精准防灾减灾

经历了 2008 年特大冰灾的严峻考验之后,电网公司、电力企业、研究机构纷纷开始集中资源对电网防冰、融冰、除冰的技术和装备进行研究和探索,实现集线路监测、漂浮物清理、红外线测温等多功能于一体的红外作业机(图 2.32)、覆冰测量无人机(图 2.33)、车载融冰装置、应急灯塔、隧道灭火机器人、户内外一体化智能巡检机器人、直流融冰快速短接装置、机械振动除冰装置、架空线路高效除冰机器等一系列高新技术装备相继研发使用,为精准防灾减灾提供强大的技术力量。

图 2.32　红外作业机

图 2.33　E2000 型覆冰测量无人机

存在的问题:

①对低温冰冻灾害的预测预报水平仍需进一步提高。贵州省气象部门通过对凝冻天气过程进行监测、分析,准确、及时做好天气监测预报、预警工作。业务预报中,量级预报降雨(雪)、冻雨时段及维持时长的预报,10 天、20 天、30 天的趋势预报及温度的准确预报工作还存在一定的难度。不但要研究全球气候变化条件下贵州省低温冰冻灾害发生强度、频次、空间分布特征及变化规律,还需开展重大低温冰冻灾害的海洋环境场的物理条件和大气环流背景及各种物理因子异常变化所产生的影响的研究,推进基于物理基础的数值模拟和数值预报研究,逐步实现"定时—定点—定量"低温冰冻灾害的精细预报,实现长期—中期—短期—短时—临近无缝隙的滚动订正,提高低温雨雪冰冻灾害预报的时效性和准确率。

②综合防灾减灾能力建设需进一步加强。一方面,要加大关于防灾减灾知识的宣传。深入普及防灾减灾实用技术及知识,提高公众自救互救能力和全社会防灾减灾意识;另一方面,要建立健全民政、气象、国土资源、农业、水利、林业、地震等多方联动机制,完备各涉灾部门间的灾害信息沟通、通报、会商制度,加强对灾害信息的分析、处理及应用。充分发挥群众、团体、基层组织、民间组织、社会公民在防灾减灾中的作用,形成政府统一领导、各部门分工协作、社会共同参与的综合防灾减灾机制。要在已有的各应急救援力量和专业部门的基础上,建立完善专业部门同应急指挥联动机制,建立明确分工、责任到位、资源整合、优势互

补的应急救援体系。要强化演练培训工作,增强抢险救灾和快速反应能力,保证救援质量和效果。

③基础设施承灾能力仍需进一步强化。部分地区电网、公共建筑和基础设施等设计标准难以应对极端气象灾害的影响,是导致贵州省凝冻灾害损失严重的原因之一。做好能源、通信、公共设施、交通、电力等系统的统筹规划和论证,在规划中充分考虑各地区低温雨雪冰冻灾害可能出现的影响,全面完善规划和建设标准,将标准法制化,强制执行。

## 2.6 地震灾害现状与防灾减灾

### 2.6.1 地震灾害现状

贵州全境地震动峰加速度≥0.05 g,贵州西部地区在国家地震局划定的南北地震带上,其中5个市(州)、18个县(市、区)、160个乡(镇、街道)的地震动参数大于0.10 g(图2.34)。贵州省地震分布特征总体是西部和西南部地震密度、强度大,中部及北部次之,东部和东南部相对较弱。贵州地震多为构造地震,即由断层活动所引起。

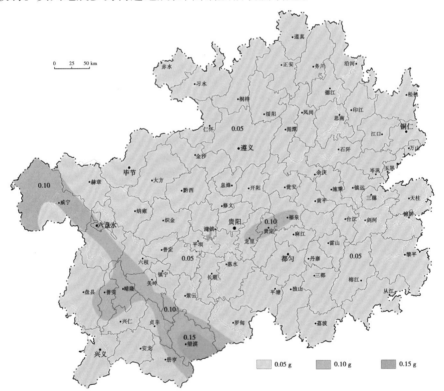

**图2.34 贵州省地震动峰值加速度区划图**

资料来源:中国地震动峰值加速度区划图(GB 18306—2015 图 A·1)

地质构造上,贵州省位于发生过汶川 8.0 级地震和玉树 7.1 级地震的南北地震带南段东缘,境内断层交错,存在发生地震灾害的地质背景。历史活动上,近 200 年来贵州省发生的六级左右地震有三次,最强的一次是 1875 年的罗甸地震,震级 6.5 级。2000 年以来,贵州地区共计发生六次破坏性地震。地震特征上,贵州省地震活动具有成灾率高、震源浅、地质条件特殊等特征。喀斯特地貌,容易诱发地震、放大灾害效应。比如 2010 年 1 月镇宁关岭贞丰交界处地震,震级不高,却造成了较大伤亡。设防标准上,贵州全省都必须达到六度以上设防标准,其中七度基本设防的有 20% 县(市、区),属于地震高烈度区。地区比较上,相对四川、云南等多震情省份,贵州省地震活跃程度不算高,但会受邻省破坏性地震的影响,这种风险不可忽视,如 2014 年云南的鲁甸 6.5 级地震,造成贵州经济损失 4.67 亿元。

据中国地震局统计数据,2018—2020 年贵州省境内发生的地震明细及分布如表 2.11 所示。从分布上看,贵州省地震主要发生在西部地震带周边,其余区域零星发生,如 2019 年 10 月 2 日发生在铜仁市沿河县的 4.9 级地震,造成了较严重的损失。另外,从统计表上看,近年发生的所有地震均为浅源地震(震源深度小于 60 km),虽然震级较小,但仍有较大破坏力。据卢定彪等(2011)的研究,贵州省目前正处于地震活跃期阶段,这一点从近年贵州省地震发生频数上可看出。王尚彦等(2017)通过数学方式计算得出,贵州省地震复发的周期为:6 级地震 85~96 年/次,5 级地震 11~13 年/次,4 级地震1.5~1.7 年/次。

表 2.11 贵州省 2018—2020 年地震发生情况明细及分布

| 序号 | 震级 | 发震时刻 | 纬度/(°) | 经度/(°) | 深度/km | 参考位置 |
|---|---|---|---|---|---|---|
| 1 | 3.2 | 2020-10-29 04:52:46 | 27.10 | 103.93 | 18 | 贵州毕节市威宁县 |
| 2 | 4.0 | 2020-09-18 16:24:01 | 26.21 | 105.41 | 10 | 贵州六盘水市六枝特区 |
| 3 | 3.0 | 2020-09-17 14:19:49 | 27.02 | 104.49 | 10 | 贵州毕节市赫章县 |
| 4 | 2.9 | 2020-07-02 11:57:557 | 27.17 | 104.65 | 9 | 贵州毕节市赫章县 |
| 5 | 4.5 | 2020-07-02 11:11:35 | 27.16 | 104.63 | 13 | 贵州毕节市赫章县 |
| 6 | 3.4 | 2019-10-28 01:09:50 | 26.21 | 104.55 | 7 | 贵州六盘水市盘州市 |
| 7 | 4.9 | 2019-10-02 20:04:34 | 28.40 | 108.38 | 10 | 贵州铜仁市沿河县 |
| 8 | 2.3 | 2019-06-14 20:42:35 | 26.48 | 106.74 | 8 | 贵州贵阳市南明区(有感) |
| 9 | 2.5 | 2019-02-22 13:53:44 | 25.55 | 105.71 | 6 | 贵州黔西南州贞丰县(有感) |
| 10 | 2.8 | 2019-02-22 13:53:44 | 26.83 | 104.20 | 10 | 贵州毕节市威宁县 |
| 11 | 3.1 | 2020-10-29 04:41:16 | 26.83 | 104.19 | 10 | 贵州毕节市威宁县 |
| 12 | 3.2 | 2019-01-16 12:43:16 | 26.06 | 105.26 | 10 | 贵州六盘水市六枝特区 |
| 13 | 3.2 | 2018-09-26 18:32:47 | 26.21 | 104.72 | 8 | 贵州六盘水市市水城县 |
| 14 | 3.8 | 2018-08-18 01:36:37 | 27.42 | 103.96 | 7 | 贵州毕节市威宁县 |
| 15 | 4.4 | 2018-08-15 21:28:11 | 27.43 | 104.00 | 10 | 贵州毕节市威宁县 |

　　地震通常造成房屋损毁、倒塌,桥梁、道路断裂和公共服务设施破坏,贵州省作为无平原省份,极可能诱发山体破坏,形成滑坡、崩塌等灾害;地表出现较大裂缝,部分地区生态环境变得十分脆弱,加剧突发性地质灾害风险(图2.35)。

|（a）瓦片震落|（b）房屋倒塌|
|（c）斜坡破坏|（d）道路塌陷引起房屋歪斜|

图 2.35　地震灾害破坏

　　根据贵州省控制地震的断裂和地震平面分布,将贵州省地震平面分布划分为威宁—晴隆、遵义—贵阳和铜仁—榕江三个区。北西向的垭都—紫云断裂是威宁—晴隆区和遵义—贵阳区的分界,近北东向的松桃—独山断裂是遵义—贵阳区和铜仁—榕江区的分界,两边界断裂在平面上构成倒“八”字形(图2.36)。

　　(1)威宁—晴隆区

　　该区位于贵州省内的赫章—镇宁—紫云一线(垭都—紫云断裂)南西侧。在贵州省内该区域的地震分布最密集,约占贵州省面积的20%。贵州省有地震记录以来,80%左右的地震发生在该区域。地震多分布于北西向断裂带与北东向、南北向断裂交汇区,断裂经过处主要在威宁、晴隆、六枝、盘县、水城、贞丰、兴义、罗甸几个区域。

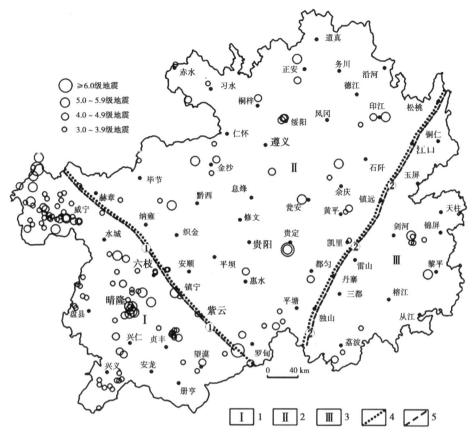

1—威宁—晴隆区；2—遵义—贵阳区；3—铜仁—榕江区；4—地震分布分区界线；
5—区域性（隐伏）断裂（带）（①垭都—紫云断裂；②松桃—独山断裂）

图 2.36　贵州历史地震平面分布图

（2）遵义—贵阳区

该区位于松桃—镇远—独山（松桃—独山断裂）以西、赫章—镇宁—紫云一线（垭都—紫云断裂）以东地区，约占贵州省面积的 60%，贵州省有地震记录以来，15% 左右的地震都发生在这个区域。该区域的地震，主要分布在南北向断裂、北东向（包括北北东—北东东向）和东西向断裂交汇处附近或断裂经过区。

（3）铜仁—榕江区

该区为贵州省内松桃—镇远—独山（松桃—独山断裂）以东地区。该区约占贵州省面积的 20%，贵州省有地震记录以来，5% 左右的地震发生在该区域。区内的地震多分布在北东向（包括北北东—北东东向）断裂带上，或北东向断裂带与其他方向断裂交汇区（王尚彦等，2017）。

## 2.6.2　地震灾害成因机制

世界上 90% 以上的地震和所有的强烈地震均属于构造地震（张倬元等，2016）。贵州省的地震明显受（活动性）断裂控制和影响，地震的平面分布分区边界受区域断裂控制，地震多发生在断裂附近或多组断裂交汇区附近(王尚彦,2016)。地震多为断层活动所引起,当然也有水库诱发地震,如2015年5.5级的剑河县地震就被认为是水库诱发地震,且常有大量规模较大的活动性断裂在其附近,对地震的发生有重要的影响和控制作用。

根据全国地震带的划分,贵州省被分在三个地震带中(图2.37):①威宁县中西部为鲜水河—滇东地震带,属于我国南北地震带的一部分;②大致沿赫章—紫云—罗甸一带,以垭都—紫云断裂(带)为界(南东段在与开远—平塘断裂交汇后以开远—平塘断裂为界,由罗甸沫阳附近进入广西),南西侧是右江地震带,北东侧是长江中游地震带。

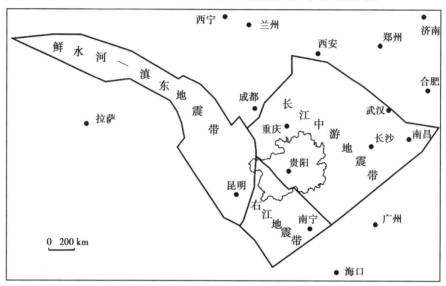

图 2.37　贵州所属地震带

王尚彦等(2017)将长江中游地震带中的贵州地区,进一步划分为两个亚带。在松桃—镇远—独山一线(松桃—独山断裂)两侧,分别为遵义—贵阳地震亚带和铜仁—榕江地震亚带(图2.38)。

### 2.6.3　地震灾害防灾减灾

近年来,贵州省通过地震烈度速报与预警、地震监测能力提升两项工程的部署实施,显著提升了地震监测预测预警能力。计划在2018—2023年,全省建设地震预警监测台站106个、信息服务终端10个、省级地震预警中心1个,台站预计覆盖全省所有行政区域。两项工程完成后,能极大地提升贵州省对地震灾害的监测预警能力,实现地震反应时间由震后几分钟向几秒钟提升,实现由人工到自动的信息发布、由无到有的地震紧急措施的转变。彼时,贵州省将进入全国地震监测技术的先进水平。

同时,随着地震局"互联网+地震科普"的不断深入推进,通过新媒体产品,如制作科普微视频,以LED投屏、快手、抖音等方式普及防震减灾知识。此外,组织、举办品牌赛事和系列活动,在"5·12"等特殊时段进行防震减灾知识普及。通过防震减灾知识大赛、科普讲解大赛等在全省范围内扩大地震灾害防灾减灾的宣传。

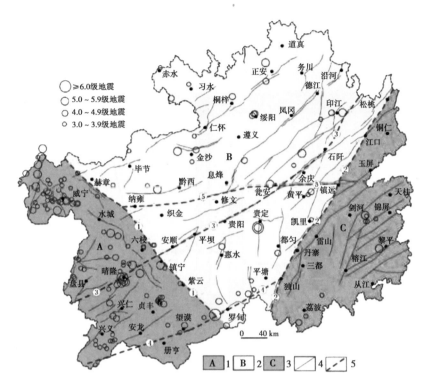

1—威宁—晴隆分区；2—遵义—贵阳分区；3—铜仁—榕江分区；4—活动性断层；5—区域性（隐伏）断裂
（①垭都—紫云断裂；②松桃—独山断裂；③木黄—贵阳—普安断裂；④开远—平塘断裂；⑤黔中断裂）

**图 2.38　贵州断裂与地震分布图**

## 2.7　火灾现状与防灾减灾

贵州省每年因生产安全事故及森林起火等引起的火灾达上千例,形势严峻。2009—2019 年统计数据显示,贵州省此 11 年间共发生火灾 35 472 次,造成 409 人死亡,228 人受伤,直接经济损失 9.11 亿元。年均损失占自然灾害造成的直接经济损失的 1.01%。图 2.39 统计了 2009—2019 年贵州省火灾发生情况及其造成的经济损失。

从图 2.39 可以看出,2009—2019 年由火灾造成的经济损失有直线增加的趋势,这对防灾减灾工作者提出了警示。近年发生的火灾事故有:2019 年 7 月 26 日,贵阳市乌当区辖区内一栋三层楼房改平房(摩托车电瓶车维修店)发生火灾,事故造成 3 人死亡,1 人受伤;2020 年 1 月 17 日,福泉市贵州兴发化工有限公司发生一起硫醚燃烧火灾事故,造成 1 人失踪、1 人受伤;2020 年 3 月 8 日,天柱县竹林镇一家经营家电的临街门面发生火灾事故,造成 9 人死亡。三起火灾事故均有人员伤亡,造成了较严重的损失,引起了社会较广泛的关注。

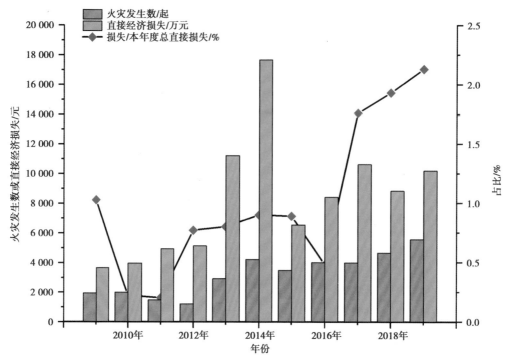

图 2.39　2009—2019 年贵州省火灾发生数及造成的经济损失统计

### 2.7.1　建筑火灾现状与防灾减灾

#### 1）建筑火灾现状

2019—2020 年,贵州省共发生火灾 5 579 起,死亡 42 人,受伤 35 人,造成直接经济损失 1.02 亿元。2019 年,全省先后发生了金沙"1・1"、正安"3・3"等 6 起重大火灾伤亡事故。与上一年度相比,火灾数量上升 20%,受灾死亡人数增加 13.5%,因灾受伤人数增加 29.6%,直接经济损失上升 15.4%。火灾事故主要有以下特点:

火灾发生地域上:一是贵阳、遵义、毕节火灾发生较多。其中遵义市 2 160 起,占全省火灾的 38.7%,贵阳市 837 起,占全省火灾的 15%,毕节市 460 起,占全省火灾的 8.2%。二是黔东南、遵义、贵阳火灾伤亡较多。其中黔东南州因灾死亡 12 人,占全省死亡人数的 28.6%,贵阳市因灾死亡 11 人,占全省死亡人数的 26.2%,遵义市因灾死亡 10 人,占全省死亡人数的 23.8%。三是农村火灾多发。全省共发生农村火灾 1 998 起,较上一年度上升 30.3%,造成 20 人死亡,发生数量和死亡人数分别占全省总数的 35.8% 和 47.7%。2019 年以来,省内先后发生了肇兴"10・12"、仁怀"12・21"等重大火灾事故,肇兴侗寨、西江苗寨等重点旅游村寨也发生过火灾,所幸救火及时未造成更大损失。

火灾发生场所上:一是发生亡人火灾的主要场所是居民住宅。全省共发生 3 534 起居民住宅火灾,造成 24 人死亡,发生数量和死亡人数分别占全省总数的 63.3% 和 57.1%。二是小型生产经营场所火灾事故呈现上升趋势。全省共发生 1 182 起小型生产经营场所火灾,造成 16 人死亡,较上一年度分别增加 21.4% 和 1 500%。

火灾发生原因上:一是因用火风俗习惯引发火灾较多。全省共发生 1 156 起因用火习惯落后、焚香祭祀引发的火灾,造成死亡 14 人,发生数量和死亡人数分别占全省总数的 20.7% 和 33.3%。二是电气火灾占比大。全省共发生 3 046 起电气火灾,造成 16 人死亡,发生数量和死亡人数分别占全省总数的 54.6% 和 38%。其中有 1 969 起因电气产品质量问题引发火灾,造成 9 人死亡,发生数量和死亡人数分别占全省总数的 35.3% 和 21.4%;有 1 077 起因用电不规范引发的火灾事故,造成 7 人死亡,发生数量和死亡人数分别占全省总数的 19.3% 和 16.7%。

火灾发生时段上:一是冬春季节火灾频发、多发。共发生 3 011 起冬春季节(11 月至次年 3 月)火灾,死亡 32 人,分别占火灾总数的 54% 和 76.2%。其中 1 月是火灾发生最多的月份,共 767 起,占火灾发生总数的 13.7%;3 月是死亡人数最多的月份,死亡 9 人,占火灾死亡总数的 21.4%。二是晚上亡人多、白天火灾多。晚上(20 点至次日 8 点)发生火灾 2 226 起,死亡 30 人,分别占火灾总数的 39.9% 和 71.4%;白天(8 点至 20 点)共发生火灾 3 353 起,死亡 12 人,分别占火灾总数的 60.1% 和 28.6%。

死亡人员情况上:一是老人与未成年人死亡较多。全省 60 岁以上老人死亡 9 人,未成年人死亡 9 人,共占因火灾死亡总数的 42.8%。二是有吸烟酗酒等不良习惯的人员死亡较多。全省因吸烟不慎引发的火灾导致 4 人死亡,酒后未能及时逃生导致 3 人死亡,共占亡人总数的 16.6%。

**案例一　黔东南州天柱县竹林镇"3·8"火灾**

2020 年 3 月 8 日,贵州省黔东南州天柱县竹林镇发生一起村(居)民自建房火灾事故,过火面积约 75 $m^2$,造成 9 人死亡。

1.火灾基本情况

①时间:2020 年 3 月 8 日。

②地址:黔东南州天柱县竹林镇村(居)民自建房。

③火灾原因:一层经营门面中部使用电暖桌引燃烘烤衣服。

④建筑情况:一楼曾是经营家用电器的门面,二楼、三楼是居住区。

⑤火灾导致 9 人死亡。

2.起火原因

(1)未作区域分隔

该建筑物安全条件差,一层为家电产品店,二层以上为居住区域,两区域未进行防火分隔,发生火灾的经营场所迅速影响居住区。

(2)典型的"通天楼"格局

建筑仅在中部设置一部敞开楼梯,是典型的"通天楼",一层发生火灾后,火焰、烟气封堵了二、三层的逃生通道,导致人员死亡。

（3）建筑物火灾负荷大

门店使用木材搭建夹层堆放货物，货物堆放密集，所售电器外壳及产品包装物多为高分子材料，燃烧后产生浓毒烟气，加重人员伤亡。

（4）村（居）民消防安全意识和逃生自救能力弱

发生火灾后，人员前往三层（南北两侧卧室）安装有防盗窗的北侧房间避险，导致被困人员遇难。

（5）报警晚

群众虽然发现火灾，但 23 min 后才通知专职消防队，29 min 后才拨打 119 报警，延误了灭火救人的最佳时机。

3.防治措施

贵州省安全生产委员会（以下简称"安委会"）办公室对天柱县"3·8"较大火灾事故查处工作进行挂牌督办。当地采取五项措施加以补救：

①全面排查。

②加装防火分隔。

③改造线路，配置消防器材。

④加强灭火力量建设。

⑤加强消防培训。

该镇类似这样具备经营、生产、仓储功能的"三合一"小型场所与住所混在一起的有 78 户，包括"前店后宅"52 户，"下店上宅"26 户。在店与宅之间加装防火隔墙、防火门，并提醒店主在店面歇业后，尤其是夜间，要确保防火门关闭。进行室内外线路改造，完成 54 户室内线路改造。此外，对沿街门面均配置灭火器，并安装 57 个火灾探测报警器。

为了解决"远水救不了近火"的难题，竹林镇成功招录第一批专职消防队员。并依托原有的河道进行消防工程建设，建成一座容积为 30 m³ 的消防取水坝，机动泵等取水设备配备齐全。此外，增加室外消火栓 6 个，并购置消防软管卷盘 80 套，配置消防器材柜 6 个，各柜配有消防水带两盘（40 m 的 13 型以上），一把消防栓扳手、一支消防水枪、两具 4 kg ABC 干粉灭火器。

采取"集中讲解、分散培训、实地演练"的方式，进行农村消防设施建设、消防组织建设、消防宣传教育培训工作、火灾预防工作等，对村"两委"负责人以及村民开展"消防安全明白人"和"消防安全带头人"学习培训，组织村民观看火灾警示片，组织专职消防队员、志愿消防队员开展灭火演练。

### 案例二　黔南州惠水县"5·16"火灾

2020 年 5 月 16 日凌晨 1 时 39 分，黔南州惠水县消防救援大队 119 火警接到火警，报警人称县城文化路一小吃店发生了火灾。消防人员赶赴现场后发现，起火地点为一栋 7 层砖混结构的商住楼，一楼是沿街门面，二楼至七楼为住宅，发生火灾的是一家小吃店的门面，内部住人并设有夹层堆放物资，所有窗户均安装了不锈钢防盗窗，北侧防盗窗外还设置了广告牌。1 男 4 女被消防救援人员从夹层北侧窗户附近搜救出来，并送往医院救治，但 5 人经抢救无效死亡。引发该起火灾的主要原因为：

(1)电气线路乱拉接，故障打火酿成灾

据调查，火灾发生的直接原因是，在店内南侧卫生间门口通道内一个未经安全认证的移动插座打火故障，引燃周边可燃物。同时在火灾事故现场，调查人员发现，门面内有严重的电气线路私拉乱接现象，极易短路，造成过负荷等引发火灾。

(2)夹层堆物又住人，发生火灾出不来

起火门面的内部，搭建了夹层用于住人和堆放杂物，且楼下夹层与经营区域未进行任何防火分隔，仅靠一木楼梯连接。起火后，夹层迅速被火情影响，并烧毁了木楼梯，使得夹层内住宿的人员无法逃生。

(3)窗户设置防盗栏，堵死最后逃生路

5 名遇难人员都是在夹层北侧靠窗户的位置被发现的，窗户上安装有防盗栏，彻底堵住了最后的逃生路线。

(4)发生火灾报警晚，救援时机被耽误

通过现场监控看到，在当日 0 时 59 分，房间内已有烟气冒出，1 时 34 分，其邻居第一次发现了火情，但直到 1 时 39 分，路人才拨打 119 报警电话，1 时 43 分，邻居还与被困人通话。如果发现火情后，能在第一时间拨打火警电话报警，惨剧也许就不会发生。

2) 建筑火灾防灾减灾措施

在贵州省较多地区普遍存在类似"夹层住人、前店后宅、下店上宅"的情况，所带来的消防安全风险较大。目前针对建筑火灾的防灾减灾措施主要体现在如下几个方面：

(1)生活经营要分开，夹层千万莫住人

商铺门面内，用于加工、储存物品或经营的夹层一律不得住人；居民自建楼房存在"下店上宅、前店后宅"情况的，生活区域与经营区域应使用防火隔墙、防火门、防火隔板等进行分隔。

(2)疏散通道要畅通，防盗门窗留出口

人员住宿、生活的区域应设置直通室外的安全出口；不要锁闭、堵塞、占用逃生出口和疏散逃生通道；在疏散逃生通道上设置卷帘门、防盗网、铁栅栏时，应预留从内部开启的逃生口。

(3)用火用电要小心，电气线路需规范

用火用电要加强看护，做到人走火灭、电断；电气线路应由专业电工进行铺设，切实做到不乱接、不私拉电线，不超负荷用电，电动车不在屋内充电，不贪图便宜购买、使用假冒伪劣电器产品和插线板。

(4)堆放货物要注意，危险物品勿存放

商铺内，货物的堆放要远离厨房、远离大功率用电设备、远离明火；严禁在疏散通道、楼梯间堆放货物，严禁存放汽油、烟花爆竹、酒精等易燃、易爆物品。

(5)火灾报警要及时，消防知识常学习

一旦发生火灾，要及时拨打火警电话，第一时间逃生自救，不得贪恋财物，立即通过走道、楼梯向室外或屋顶进行逃生；如果走道或楼梯充满浓烟，应退回有水源和外窗的房间等待外部救援,并关闭房门,利用打湿的毛巾、衣物填堵门的缝隙,减缓烟气侵入;要配备逃生面具、灭火器等常用消防器材,学会正确的使用方法。

### 2.7.2 森林火灾现状与防灾减灾

#### 1)森林火灾现状与特征

我国目前是森林火灾比较频发的国家,平均每年发生火灾 1.3 万起,受到火灾烧毁的森林面积达 664 万 km²。贵州省是我国生态地位比较重要的省份,地处长江和珠江的上游地带,包含了 8 个林业系统,2 个省级的直属林场。地属亚热带高原山区,气候温暖湿润,地势起伏剧烈,地貌类型多样,地表组成物质及土壤类型复杂,因而植物种类丰富,森林类型较多,2019 年贵州省森林覆盖率达到 58.5%。贵州省自然灾害通报数据显示,2010—2019 年贵州省累计发生森林火灾 5 524 次,除了 2010 年全年发生 2 537 起,占总数的 46% 外,整体上呈现减少趋势。整体上,贵州省发生森林火灾的主要特性表现在以下几个方面:

(1)时间上

贵州省四季分明,冬季干燥降雨量较少,阳光强辐射多在 4—11 月,降雨较集中于夏季和秋季,冬季和春季都是属于比较干燥、降雨较少的季节。为此,冬季和春季植被的含水量也比较低,容易造成火灾的发生。

(2)地点上

经调查发现,发生火灾的大部分地区都是一些较不发达的区域,例如从江、安龙、独山、三都等。经济不发达是这些地区比较明显的特点,当地居民靠山吃山、靠水吃水,大部分居民的经济和生活都要依靠山林,认为用火烧山开垦荒山,才能提高自己的生活水平。同时,民众的文化素质水平较低,缺乏对生态自然的保护意识,普遍在春季开始农作时用火烧农地,进而引发森林山火。由于没有良好的科学技术,所以只能用较原始的方法进行农耕,造成了很多人为因素引起的山火。

(3)森林结构

贵州全省森林覆盖面积中有 27% 是灌木,67% 是乔木,且杉树占比较大,树的油脂分泌较多。一旦引发山火,油性树木过火的面积迅速增大,且不容易扑灭。贵州省地势的整体起伏较大,多是山地,沟壑较深,森林的分布也比较散乱,森林火灾发生后,不易组织人员进行山火救援。贵州省 2010—2019 年森林火灾次数统计如图 2.40 所示。

#### 2)森林火灾起因分析

(1)自然及社会方面原因

旱灾、雪凝冰冻等恶劣气候灾害的出现,增加了地表可燃物;同时受全球气温影响,除了在 2 月、3 月、清明节前后及春耕生产使森林火灾频发外,8、9 月的森林火险等级也较高,时常有森林火灾发生。此外,随着贵州省天然气、电力的普及,传统草本、木本植物燃料被替代,使得地表植被丰富,地面可燃物增加。

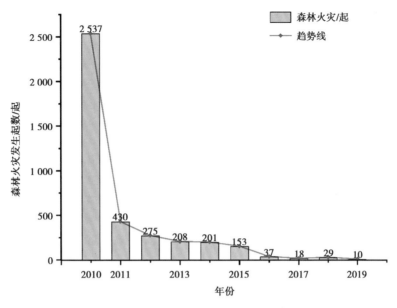

图 2.40　贵州省 2010—2019 年森林火灾起数统计

（2）人为方面原因

由于海拔较低,极易燃烧的杉、松林分布广泛,在接近村寨、靠近田边地角地区,村民活动频繁,用火情况较多。受人为活动影响,森林火灾发生的原因有以下几方面:居民生产生活用火、祭祀祭拜、烧荒烧炭、取暖做饭、孩童玩火、野外吸烟乱丢烟头等。

3）森林火灾防灾减灾

近年来,贵州省进行机构改革,成立了省应急管理厅,并协调林业、气象等相关部门起草和编制了相关消防法规草案、森林草原消防工作规划等。同时省应急管理厅充分发挥牵头抓总、综合协调、指导督促的作用,积极完善工作机制、构建责任体系、强化预警监测、开展专项整治等措施,但是仍存在诸多不容忽视的问题。

一是气候变化异常。受厄尔尼诺现象影响,全球气候变暖,重点林区高温大风天数明显增多,降水偏少,特别是西部和南部地区,受极端天气影响,火险等级较高,防火形势近几年较为严峻。二是可燃物积累加快。近些年全省森林面积、覆盖率逐年增加,防火期间伴随着封山禁林,林下可燃物逐年累加,隐患加大。三是责任落实不到位。一些地方森林防火工作职责未按照"上下基本对应要求",将森林防火办公室职责划转到应急管理部门,一定程度上影响了工作的对接和开展。四是人为火源隐患增大。随着经济社会发展,人们外出游玩、踏青、徒步等情况增多,野外吸烟、烧烤、取暖等现象普遍,火灾发生隐患增大,贵州省又属少数民族地区,刀耕火种的传统耕作方式盛行,加之一些地方未严格落实野外生产性用火审批制度,用火陋习一时难以根除,人为火源点多面广、管理难度持续加大。五是防控基础薄弱。基层林场、森林公园等森林经营单位森林消防专业设备配备不足,林区防火道路等基础设施密度低,通信盲区多。六是政府消防安全责任落实不到位。部分基层政府对消防工作重视不够,消防规划和基础设施建设未得到同步落实,对下监督、检查工作力度不足,消防安全责任落实不到位,往往是"上热下冷",呈层层衰减的现象。七是部分街道乡镇等基层消防安全管理组织监管工作未得到充分落实,人员、经费投入等保障力度较差,日常检查巡查、上门入户宣传工作未得到有效落实。八是社会单位主体责任落实不到位。一些社会单位重经营、轻安全,消防安全自我管理、自我检查、自我整改机制落实不到位,关键岗位人员对消防安全知识不熟悉、不掌握,仍然存在大量的问题和隐患。九是监督执法工作有待进一步提高。部分消防监督员的执法能力还不能适应形势任务发展,监督检查走马观花、流于形式,隐患整治避重就轻,不敢较真碰硬,仍有大量火灾隐患尚未得到彻底整治。

## 2.8 喀斯特山区综合防灾减灾现状

### 2.8.1 国外山地防灾减灾案例与经验分析

国外学者对灾害的研究开展较早,研究方法相对较成熟。随着社会经济建设的迅猛发展,由灾害造成的生命财产等损失也愈发严重,如何实现高效综合减灾成为人类关注的焦点课题。通过系统的灾害研究理论总结,各国学者一致认为,虽然不同地区的灾害特点有其自身的特殊性,但也有共性,多是各种因素综合作用的结果。基于此认识,灾害综合研究的热潮被掀起,综合灾害风险管理的模式也相继被提出。一系列国际减灾计划、论坛,如:灾害风险综合研究计划(IRDR)、达沃斯全球风险论坛、全球环境变化人文因素计划下的综合风险防范科学计划(IHDP-IRC)、联合国国际减灾战略(ISDR)等高度重视综合灾害风险管理的理论与实践研究。原来单一的灾害防御已不适应实际情况,迫切需要实现向综合防灾减灾的转变,这是现实所导致的一大趋势,IIASA-DPRI综合灾害风险管理论坛就曾多次讨论综合灾害管理的"塔"模式和"行动—规划—再行动—再规划"的减灾响应模式,为世界综合防灾减灾提供了一定的思路。在实践方面,已有诸多国家,如美国、日本、法国、加拿大、德国、英国、瑞典、澳大利亚、俄罗斯等建立起了完整的综合防灾减灾体系,其中尤以美国和日本的综合灾害管理模式最为先进与成功。体系建成后取得的社会效益显著,极大地推动了国际减灾事业的发展。

从20世纪60年代开始,美国就致力于推动单一灾种的灾害防御逐步实现向综合防灾减灾的转变,1979年成立领导全国防灾减灾工作的核心协调决策机构——联邦应急管理署(FEMA),9·11事件之后,更是将"综合防灾减灾管理体制"上升到"危机综合管理体制"的高度。将灾害划分为一般灾害与严重灾害,灾害管理则实行中央和地方分工,灾害发生地所在州的相关职能部门对一般灾害进行统一管理,联邦应急管理署则统一管理严重灾害;各级政府分级负担灾害救援资金,在较充足的灾害救援资金预算下,先进的技术装备供给得以保障,灾害监测、灾害预报及灾后救援得以有效进行;联邦与地方相关部门联合组建了先进的应急管理协调机构,实现对包括自然灾害、环境灾害和人为灾害等在内的各类灾害的管理;同时对社区民众宣教防灾减灾知识;而较完整的法律体系已成为美国灾害管理的制度支撑。总之,较完整的综合防灾减灾体系在美国已经形成,社会经济效益越来越显著。

　　美国城市防灾规划编制主要由四个部分组成:第一部分是背景,由规划编制小组、社区特征、规划过程、授权等组成;第二部分是风险评估,由确定灾种、风险等级划分、关键的设施、土地利用趋势、损失预测等组成;第三部分是规划策略,由针对各灾种的防灾目标、政策与计划等组成;第四部分是规划实施与更新,由规划实施的措施、计划和更新的程序安排等组成。以纽约市为例,纽约应急预防部门(EPD)负责制定地方减灾规划(图 2.41)。

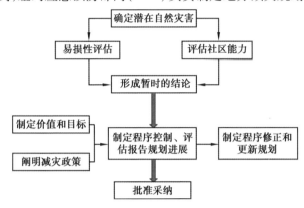

图 2.41　美国城市减灾规划编制流程

　　雷丁市位于美国加利福尼亚州北部的沙斯塔县,其主要灾害包括野火、洪水、危险物品、冬季风暴、地震、高温酷暑、空难、生物恐怖主义、恐怖主义以及火山喷发等,该市在 1958 年和 1970 年先后进行了城市的总体规划,2000 年制定了地方减灾规划。首先开展区域灾害类型识别,列出所有雷丁市的灾害种类,再从灾害对城市影响的可能性、孕灾环境特点、历史灾害发生情况等因素,逐一判断每一种灾害是否会影响城市,并给出判断的依据,最后给出灾害类型识别的初步结论(表 2.12)。

表 2.12　雷丁市灾害类型识别表

| 灾害种类 | 发生可能性 | 原　　因 | 结　　论 |
|---|---|---|---|
| 雪崩 | 否 | 城市远离山区 | — |
| 空难 | 是 | 有很低的可能 | — |
| 生物恐怖主义 | 是 | 有很低的可能 | — |
| 海啸 | 否 | 非海滨城市 | — |
| 海岸侵蚀 | 否 | 非海滨城市 | — |
| 大坝倒塌 | 是 | 邻近沙斯塔坝且上游是威士忌城 | 城市总规认为该市在水坝洪泛区内 |
| 膨胀土 | 否 | 不会影响该市 | — |
| 地震 | 是 | 靠近断层,历史资料显示,程度不会太强 | — |
| 热浪 | 是 | 曾发生过 | — |
| 洪水 | 是 | 曾发生过 | — |
| 有害物质泄漏 | 是 | 铁路与高速穿过,发生的可能性存在 | — |
| 飓风 | 否 | 没有经历过,可能性不大 | — |
| 地面下沉 | 否 | 没有经历过,可能性不大 | — |

续表

| 灾害种类 | 发生可能性 | 原　因 | 结　论 |
|---|---|---|---|
| 冬季强风暴雪 | 是 | 曾发生过 | 最近一次发生在 2004 年,积雪 0.3 m |
| 恐怖主义 | 是 | 有可能性,但不高 | — |
| 海啸 | 否 | 不靠海 | — |
| 野火 | 是 | 曾发生过 | 城市毗邻很多开阔地 |

其次根据灾害识别结果,分别对主要灾害和其他灾害进行风险评估,对城市脆弱性及可能发生的潜在损失进行分析。灾害风险评估主要从发生背景、影响后果、历史灾害情况、趋势预测、现在和未来的减灾行动、承灾体易损性、减灾策略制定等多个方面进行评估。

以洪水灾害为例,雷丁市受多条河流影响,根据美国联邦应急管理署(FEMA)的资料,雷丁市百年一遇的洪水灾害淹没区约为 17.87 km$^2$,约占城市总用地面积的 11%。进一步开展历史洪水灾害情况、未来遭遇洪水灾害的可能及洪水灾害发生后的影响、承灾体的易损性、减灾能力等要素评估,并将防洪目标确定为降低人员伤亡,减少建、构筑物破坏和损失。图2.42、图 2.43 为城市百年一遇的洪水淹没区分析和百年一遇的洪水灾害情景分析。根据灾害风险评估结果,遵循雷丁市 2000 年的减灾法案,雷丁市制定了符合城市发展实际的减灾规划实施方案,即通过减灾项目推动城市减灾发展。

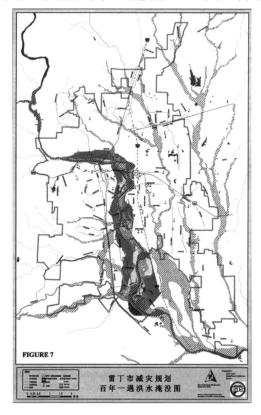

图 2.42　雷丁市百年一遇洪水淹没区分析图　　　图 2.43　雷丁市百年一遇洪水灾害情景分析图

　　澳大利亚以州为综合防灾体系主体,将联邦政府、州和地方政府分为三个层次。联邦政府负责处理全国性的灾害事件,该职能部门隶属于联邦应急管理署(FEMA)。各州均有自己的灾害管理部门。根据对灾害性质和可能影响范围的判断来启动不同层次的应急计划。近年来,随着该国的部门和服务行业中社会力量的加入,私有化程度不断加深,灾害管理向社会非国有部门和行业转移,在灾害管理工作中政府职能被弱化,社会参与灾害管理已成明显的趋势。澳大利亚综合防灾规划的制订和实施大致分为三个方面。

　　(1)防灾计划

　　澳大利业全国的防灾计划分为联邦、州、区域、地方四级。最高级别的"联邦应急计划"由联邦应急管理署负责制定。州及州以下政府的减灾计划一般由专家负责制定,其内容比较详尽,涉及减灾工作的各个环节;计划拟定后,政府再从各方面抽调力量对计划进行评估,并通过各类演练不断对计划加以修正。

　　(2)减灾实施机构

　　重大灾情发生后,直接投入救援行动的部门及机构包括政府各相关职能部门、红十字会及医疗救护单位、教会慈善机构和志愿人员。此外,各级政府都设有"自然灾害救助机构",负责对受灾公民进行经济上的扶助,主要方式有两类:一是直接资金援助,二是低息贷款(主要用于受灾公民的置房和恢复生产等)。

　　(3)减灾资金运作

　　澳大利亚减灾资金主要来源于四个渠道:联邦政府、州政府、地方政府和募捐,其中募捐包括社团捐赠、慈善机构、减灾部门提供服务所得、私人捐赠、志愿行动等五个方面。澳大利亚减灾资金以国家财政拨款为主,而州及州以下地方政府的情况各不相同,除去各级政府的专款划拨外,部分商业、金融、保险机构也愿意支付减灾支出。以维多利亚州消防部门为例,其日常开支只有约25%由州政府承担,其余75%则来自保险公司或其他社会团体;而州紧急服务中心(SES)的运作资金则由社会集资解决其大部分。

　　"综合自然灾害风险管理"的这一概念和基本理论最早由日本提出,日本也较早地开展了综合防灾减灾工作,并卓有成效,其灾害管理体系已成为他国借鉴与研究的对象。日本已建立起完整的灾害管理法律体系,针对灾害管理、灾害预防、应急救援、灾后恢复重建及救援资金保障等方面分别制定了一系列的法规,为高效的灾害管理提供了较为完善的法律保障;同时,根据《灾害对策基本法》的规定,建立了国家级、都道府县级、市町村级、当地居民级四级灾害管理体制,为承接各类灾害应急规划,组织协调防灾减灾工作,在中央和地方均设有专门的防灾组织机构;为统筹防灾、救灾、灾后恢复重建工作,一个完善的综合防灾减灾体系得以建立,其中包括灾害管理信息集成系统、灾害监测预报预警系统、跨区域支持系统、信息通信系统、灾害救援体系等;注重向民众宣教防灾减灾知识和组织防灾演练活动,重视灾害保险等防灾减灾工作保障体系的建设。总之,一个完善的综合防灾减灾体系正在日本逐步建成,目前正在进一步完善这一综合性的系统工程。

　　以《东京地区防灾规划》震灾篇为例(图 2.44),根据东京地区区域历史灾害情况,设定不同的灾害情景,进行地震灾害情景分析及地震海啸波高估计。在此基础上,以街区为单元,进行场地危险性、地震建筑物倒塌危险性、次生火灾危险性分析,综合场地危险性、建筑物倒塌危险性、次生火灾危险性,评价每个单元的地震危险性。基于地震灾害情景分析、地震危险度分析及东京防灾减灾现状,从"灾害预防规划""灾害应急计划"和"灾害复兴计划"三个部分制订详细的防灾规划、对策和实施计划,包括市民防灾能力提升,城市建(构)筑物防灾能力提升,交通设施防灾能力提升,海啸防灾应急对策,通信设施防灾能力提升,医疗救护系统防灾对策,归宅困难者对策,避难者对策,防灾物流、储备、运输系统对策,放射性物质对策,居民生活恢复及灾后重建规划等。

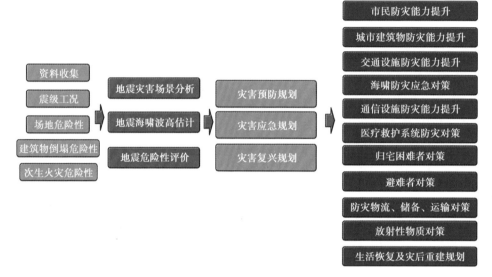

**图 2.44　日本东京地区地震防灾规划流程**

综合分析美国、日本等发达国家的综合防灾减灾工作,存在诸多共同先进之处,主要表现在以下几方面:

①具有完善的防灾减灾法律体系。法律体系既涉及各类灾害(自然灾害、环境灾害和人为灾害等),同时也涉及防灾减灾各阶段工作的法规,并且从中央到地方均有具体的法律法规,形成了完整的、庞大的防灾减灾法律体系。

②建立起了高效、协调的应急管理体制与机制。为领导组织全国的防灾减灾工作,设置了高层次、统一的防灾减灾专业机构。

③建成了完善的监测预报预警体系。依赖于防灾减灾新理论、新技术的研究与应用,发达国家建立了较完善的监测预报预警体系,并在实践中不断完善。

④拥有较先进的应急救援救助体系。专业的应急救援队伍,加之先进的救援设备供给、社会力量的调动、自救互救意识浓厚的民众等使得发达国家建立起了完善的应急救援救助体系。

⑤完善的防灾减灾保障体系建设。防灾减灾资金的筹集与管理,为防灾减灾事业发展提供了资金支持,对民众宣教防灾减灾科学知识,开展防灾减灾实践演练,发展减灾保险事

业等成为防灾减灾保障体系建设的有效途径,已显现出良好的效益。

## 2.8.2 国内综合防灾减灾经验分析

台北市在发展稠密的建成环境中,探索出了一套城市防灾思路:为降低突发重大灾害所导致的生命财产损失,并使灾害救援工作有序、高效地进行,防止次生灾害的发生,预先规划严谨的防救灾空间系统与动线系统。为此,台北市制定了短、中、长期的防灾目标。

①短期目标:初步架构台北市防灾避难生活圈,配合避难空间、路径的确定,形成完整的防灾避难网。

②中期目标:针对短期架构的防灾避难生活圈,进行圈内街廓整治,强化抗震安全性,内容上应包括设施结构即空间结构的规范,如针对地质结构、土地使用、活动特性等确定建筑物抗震、防火规定以及开发限制条件等。

③长期目标:确定周密的城市防灾总体规划与详细规划,建立完整的防灾避难生活圈系统,达到即使部分地区受到灾害破坏,居民也能于生活圈内完成避难行为,城市机能亦能正常运作。

根据城市遭受灾害可能产生的避难行为与救灾作为,划设台北市城市规划防灾空间六大系统,如表 2.13 所示。

表 2.13 台北市城市规划防灾空间六大系统

| 空间系统 | 层 级 | 都市计划空间名称 | 空间系统 | 层 级 | 都市计划空间名称 |
|---|---|---|---|---|---|
| 避难 | 紧急避难场所 | 基地内开放空间 | 消防 | 指挥所 | 消防队 |
| | | 邻里公园 | | 临时观哨所 | 学校 |
| | | 道路 | 医疗 | 临时医疗场所 | 医学中心 |
| | 临时避难场所 | 邻里公园 | | 中、长期收容场所 | 地区医院 |
| | | 大型空地 | 物资 | 物资接收场所 | 航空站 |
| | | 广场 | | | 市场 |
| | | 停车场 | | | 港口 |
| | 临时收容场所 | 全市型公园 | | 物资发放场所 | 学校 |
| | | 体育场所 | | | 社教机构 |
| | | 儿童游乐场 | | | 机关用地 |
| | 中、长期收容场所 | 学校 | | | 医疗卫生机构 |
| | | 社教机构 | | | 体育场所 |
| | | 机关机构 | | | 儿童游乐场 |
| | | 医疗卫生机构 | | | 全市型公园 |

续表

| 空间系统 | 层 级 | 都市计划空间名称 | 空间系统 | 层 级 | 都市计划空间名称 |
|---|---|---|---|---|---|
| 道路 | 紧急道路 | 20 m以上计划道路 | 警察 | 指挥所 | 市政府 |
| | | 联外快速道路 | | | 警察局 |
| | | 联外桥梁 | | 情报搜集点 | 派出所 |
| | 救援输送道路 | 15 m以上计划道路 | | | 电台 |
| | 消防辅助道路 | 8 m以上计划道路 | | | 社教机构 |
| | 紧急避难道路 | 8 m以下单路 | — | — | — |

海口市城市综合防灾规划从防灾现状分析、灾害风险评估、城市空间安全布局、避难疏散规划、主要灾害防治指引、城市生命线系统综合防灾、综合防灾体系建设、近期建设和规划实施保障等方面入手,强调了城市空间安全布局的内容,突出了城市综合防灾在空间上的落实。海口市城市综合防灾规划创新性地引入地理信息系统(GIS)、灾害模拟、情景分析等多种先进技术与方法,系统识别灾害风险源,定量分析灾害风险的空间分布,模拟不同灾害情景下灾害影响的空间特征,并将结果落实到城市用地安全空间管制中,以优化城市用地和防灾设施的空间布局,建设科学的城市综合防灾体系。该规划所采用的技术方法为城市用地布局和项目选址中避让高风险地区、从源头降低城市灾害风险提供了有力的技术支持,规划成果中建议的搬迁海口市西海岸民生长流油气储运库已经实施。规划的实施有利于统筹、整合、优化防灾资源,不断完善城市防灾体系,提升城市综合防灾减灾能力。

2008年汶川地震给四川人民生命财产造成了巨大损失,十余年来,四川省民政厅紧紧围绕构建"减灾—备灾—救灾—灾后救助"四位一体综合救灾大格局工作思路,在实践中不断丰富和发展,实现灾前预防与应急处置并重,常态减灾与应急救灾相结合,使全省综合防灾减灾体系更趋完善,防灾减灾救灾综合能力极大提升。先后出台了《四川省城乡规划条例》《四川省防震减灾条例》《四川省"十三五"防灾减灾规划》《四川省建设工程抗御地震灾害管理办法》等法规文件,修订了《四川省自然灾害救助应急预案》《四川省重大自然灾害主要损失评估管理办法(试行)》等系列制度,防灾减灾救灾工作法治化、规范化、现代化水平得到进一步提升。加强防灾工程建设,着力增强综合防灾减灾能力。建成省级地震灾害快速评估业务系统,实现震后3小时初步形成评估报告。建成全国综合减灾示范社区455个。救灾物资储备方面,建成省市县级救灾物资储备库191个,救灾物资储备点1 210个,存在重大地质灾害隐患的乡镇(村)全部建立储备点,基本形成"覆盖全川、辐射西南"的救灾物资储备网络体系。创新社会动员机制,着力规范社会力量参与防灾减灾救灾。坚持把支持引导社会力量有序参与防灾减灾救灾作为创新和完善社会治理的重要内容,纳入政府灾害治理体系和综合防灾减灾规划,成立"四川省社会力量参与防灾减灾救灾统筹中心",统筹社会力量参与防灾减灾救灾协调、沟通和资源统筹等工作。

### 2.8.3 贵州省喀斯特山区防灾减灾的举措与成效

由于贵州省特殊的地理位置和地形地貌因素,贵州省常受灾严重,自然灾害频发成为掣肘贵州省经济社会发展和生态文明建设的重要因素。面对严重灾情,贵州省委、省政府以国家综合防灾减灾"十三五"规划为蓝本,坚持以防为主、防抗救相结合的方针,坚持常态减灾和非常态救灾相统一,做好政策推动、项目带动、资金拉动、上下互动,努力实现"四个转变",从应对单一灾种向综合减灾转变,从注重灾后救助向注重灾前预防转变,从减少灾害损失向减轻灾害风险转变,从政府"包揽"向鼓励动员社会力量参与转变。通过建立健全自然灾害管理体制、运行机制、法律规范体系,建立各类灾害实时监测预警预报系统,全面提高社会抵御自然灾害的综合防范能力,探索出了一条具有贵州省特色的喀斯特山区综合防灾减灾救灾的新路子,取得的主要成效体现在如下几个方面。

(1)实现"应急+救援"一张图的挂图作战

贵州省在全国率先推动"应急+救援"一张图(简称"应急一张图")系统建设工作。一是构建了综合防灾减灾服务的大数据平台,系统地采集了民政、交通、水文等行业数据以及互联网数据,实现了面向防灾减灾的大数据统一汇聚、分布式存储、高效计算、可视化分析和智能服务,为贵州省防灾减灾工作提供了基础性支撑。二是推动了多部门数据共享。先后接入应急、气象、水务、自然资源、公安、民政、交通、卫生、消防等 18 个部门的 23 种静态、动态数据以及天网工程、雪亮工程、水务山洪监测预警系统、政府会务系统、海事卫星电话应急救援系统等。三是实现了多部门数据标准化建设。建立"基础—技术—安全—工具—应用—管理"等六类标准体系框架,建立起面向防灾减灾救灾全过程管理的大数据标准规范体系,使多部门数据和业务系统在统一的平台支撑环境中高效运行。"应急一张图"战略性构建,有效提升了风险防控和事故灾害救援能力,推进了高效协同应急管理体制,实现了快速稳妥应对处置灾害事故,为灾害防范和应急救援指挥装上了"智慧大脑"。防灾减灾"应急一张图"结构示意图如图 2.45 所示。

**图 2.45　防灾减灾"应急一张图"结构示意图**

（2）创建灾害综合风险"会商研判"工作新机制

为做好安全生产和自然灾害综合风险会商研判工作，提高风险的发现、研判和处置能力，贵州省应急管理厅探索建立以天、月、季度、半年和年为单位的风险研判工作机制，定期撰写风险研判报告并呈报应急部和省委、省政府，印发到各地、各单位。为集思广益，建立联络员制度，明确各地、各单位至少两名综合风险会商研判联络员，按时参加会商研判。建立管理制度，加强对风险研判及相关资料的档案管理，参照相关规定制订档案管理制度，实行专人负责、专人管理。强化保密教育和保密意识，对会商研判中涉及的涉密信息、敏感信息做好保密管理，明确使用途径和范围。

（3）实现基层应急管理能力标准化建设

在全国率先启动应急资源和重要（战略）设施普查，印发《关于加强应急管理基层基础基本建设的意见》。启动基层应急管理能力标准化建设。2008—2019年，贵州省共创建综合防灾减灾示范社区293个，其中省级示范社区105个，17个社区被命名为"全国综合减灾示范社区"，福泉市成为全国首批综合减灾示范试点县。例如，毕节市气象、民政和防震减灾部门加强部门协作，按照综合减灾示范社区创建标准在民政部门明确的社区或村共同推进创建工作。三部门结合全国防灾减灾日、全省防震减灾宣传周、科技活动周、世界气象日等重要节点，联合开展防灾减灾知识宣传教育活动，通过向社区居民赠送科普书籍，在社区防灾减灾宣传栏上、电子显示屏滚动播放气象和防震减灾科普知识等，提升公众防灾减灾意识；指导社区制订气象、地震等灾害综合应急预案，联合开展社区防灾减灾应急演练，提升灾害应急处置能力；在社区建立灾害信息员队伍，联合开展培训，将信息员信息纳入12379预警信息发布平台，当有灾害性天气过程时信息员组织社区居民做好防范工作；推广社区居民使用"毕节气象"微信公众号和"毕节天气通"App等新媒体，指导居民及时获取气象信息，提高灾害防御的主动性和及时性。

（4）建成综合防灾减灾救灾决策支持平台

基于三维GIS环境的贵州"气象防灾减灾救灾决策'六区一平台'决策系统"（图2.46），运用人工智能2.0、实时音视频、时空大数据等技术，将18类防灾数据进行融合，实现"一张网"的实时动态监测、"一张图"指挥实时动态作战、"一键式"发送精细化预报预警、"一平台"决策调度，打造防灾减灾救灾新平台，有利于复杂地形下防灾减灾救灾决策指挥调度和多部门联动，形成从单一向综合、平面向立体转变，为贵州省"三个叫应"的工作机制和防灾减灾部门联动指挥决策提供有效的信息化支撑。

实现洪涝、森林火险、凝冻灾害、地质灾害、农业灾害、船舶风灾等实时在线多维度监测（图2.47），开展城市洪涝、凝冻灾害、水库漫坝以及地质灾害等风险区划研究，对灾害影响进行分类管理、综合调度，实现从应对单一灾种向综合减灾转变。

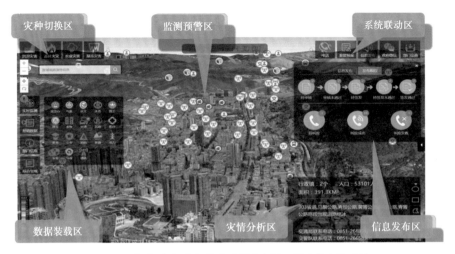

图 2.46　气象防灾减灾救灾决策"六区一平台"决策系统

图 2.47　多灾种实时监测与预警

　　提供多部门基础数据和实时监测数据(图2.48),在高分辨率地理信息系统中实现各类数据信息的自由叠加、综合展示和单点查询,为党委政府根据灾害风险区划和隐患点进行物资储备调整、人员重点布防调度以及各种数据实时调用等提供支撑。

　　建立城市淹没、水库淹没模型,地灾风险预警模型,通过算法实现避灾逃生路线和救援抢险路线等智能规划(图2.49)。根据实时大数据分析,综合交通路网以及人口、经济等社会数据开展灾害影响评估,高效辅助决策指挥调度,降低灾害损失。

　　接入水库河流水位视频监测站(16 个点)、"天网工程"(86 个点)、"雪亮工程"(2 600 个点),实现关键区域和城乡村组视频监控全覆盖,结合政府会务系统(覆盖 25 个镇乡街道)、手机移动端现场影像、海事卫星电话(88 台)和舆情管理等,实现灾情精准判断,救援力量迅速调度和灾情快速上报(图2.50)。

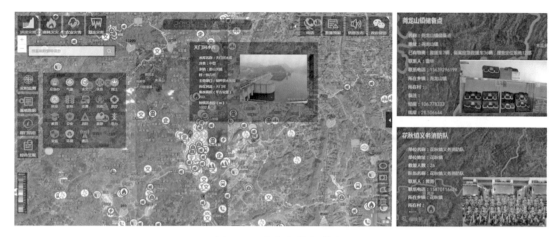

图 2.48　多部门数据共享

图 2.49　灾害场景演算

图 2.50　灾情信息发布系统

　　接入"国突""省突"等系统,基于大数据标签、位置服务和云 MAS 群发等技术集合,实现各部门预警信息按影响区域自由圈取、分区发布,通过短信、大喇叭、电子显示屏一键式发布和微信、微博等多手段发布,如图 2.51 所示。

(5)基本形成贵州省救灾应急物资储备体系

近年来,灾害防范被贵州省政府放到重要位置,不断加强救灾物资储备体系建设,进一步完善了防灾减灾救灾政策法规体系。当前,贵州省已建成省级库一个、市级库六个、县级库 40 个,在多灾易灾乡镇设置了救灾物资储备点 240 个,以省级库为中心、市级库为骨干支撑,县级片区库和乡镇储备点为补充的应急救灾物资储备体系基本建成。全省常年储备有价值超过 1.5 亿元的 18 个大类近 70 个品种的生活物资。此外,民政部门积极与厂家商家、大型超市签订代储协议,保障应急救灾之需。五年来,全省共发放粮食 60.86 万吨、衣被 179.89 万件(床),已救助受灾群众 2 210.71 万人(次),进行因灾损倒民房重建 2.10 万户。全面实施农房灾害保险,累计理赔 28.77 万户受灾农户,兑现 1.58 亿元,受灾群众的基本生活得到有效保障。

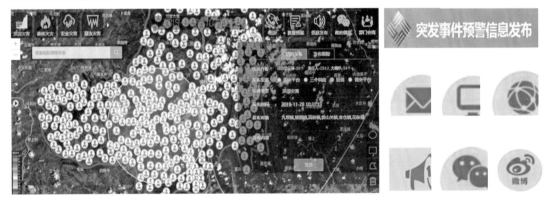

**图 2.51 灾情信息预警预报**

(6)应急救援形成"合力"

2019 年,贵州省应急厅积极应对,迅速响应,有效应对了水城县"7.23"特大山体滑坡、主汛期 13 轮强降雨导致的暴雨洪涝、沿河县"10.2"地震等自然灾害。自然灾害发生后,各级党委和政府根据灾害造成的人员伤亡、财产损失和社会影响等因素,及时启动相应的应急预案,组建现场指挥机构,统一指挥人员搜救、伤员救治、卫生防疫、基础设施抢修、房屋安全应急评估、群众转移安置等应急处置工作。充分发挥军队、武警、公安消防在抢险救援、灾害救助等应急救灾工作中的重要作用。发生重特大自然灾害,省级各相关部门要协同对口向上争取支持。

(7)形成"多部门—多灾种—多阶段—多形式"的防灾减灾大宣传格局

近年来,贵州省应急厅、自然资源厅、民政厅等各级部门、企业和院校等围绕各类生产安全和自然灾害类型,借助"全国安全生产月""国际减灾日""国际消防日"等,通过现场指导、网络直播和互联网平台等开展形式多样的宣传教育、应急演练、救灾帐篷搭建比赛等系列防灾减灾活动,整合媒体资源,利用新媒体普及安全防范知识,向社会创新提供公共安全服务新产品、新知识和新技术。

（8）探索喀斯特山区综合防灾减灾专项规划建设

实施贵州省大龙经济开发区综合防灾减灾专项规划项目（2019—2030）。根据大龙经济开发区未来发展的规划建设要求，以及地域环境自然灾害的背景，通过灾害情况评估分析，确定合理、有效的防灾减灾标准，并对开发区防灾体系和规划建设作出统筹规划，构建综合防灾减灾体系，加强对开发区及周边区域公共安全设施建设的管理，指导防灾减灾设施的建设发展，预防和减少各类灾害的危害，增强其抗御和处置各种灾害事故的综合能力，切实维护人民群众生命财产安全，保障大龙经济开发区的全面协调可持续发展（图2.52）。

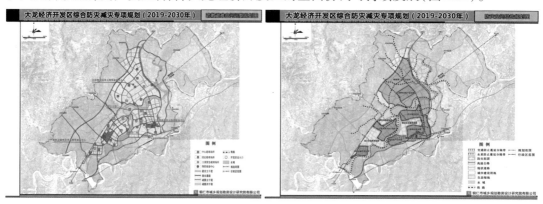

图2.52　贵州省大龙开发区综合防灾减灾规划设计图

### 2.8.4　贵州省喀斯特山区综合防灾减灾存在的问题

近年来，在贵州省委、省政府的坚强领导下，全省在综合防灾减灾方面取得了令人瞩目的成效，但是在综合防灾减灾的大格局下，仍然面临诸多问题和挑战，值得不断探索和改革。

（1）灾害风险源识别与综合灾害风险调查评估不足

据统计，全国80%地质灾害灾情发生在台账之外，且80%发生在城市以外的乡镇。目前，贵州省自然灾害防灾减灾也同样面临灾害"家底"、动态变化和发展趋势规律掌握不清的问题。灾种、单要素方面调查存在不足，尤其是历史灾害分布模糊、承灾体分布及属性数据库缺乏、致灾因子信息分散、风险及隐患底数不清；灾害信息多为统计数据，而空间化数据比例低；分散的信息系统建设，标准不一的架构；信息平台多被中央和省级使用，地方应用不足；天—空—地立体监测技术在灾害风险识别方面的应用不够充分，尚未开展系统的综合灾害风险识别、评估与区划工作。

（2）防灾减灾理论科研基础和基础能力薄弱

对喀斯特岩溶洼地内外动力演化过程与重大自然灾害发生演化过程，岩溶区重大自然灾害孕育发生机理的探索工作较少；工程扰动、极端天气等多因子耦合作用下灾害及复合链灾害形成、演化与防治的研究仍极为薄弱，是防灾减灾研究的重点；工程基础设施保障不足，孕灾环境、灾害本底与观测数据缺乏，科技支撑偏弱，适应灾害风险防控与工程安全防护的理论与技术体系尚未形成，缺乏布局合理、科学高效的防灾减灾救灾体系。总之，灾害形成机理与防灾减灾关键技术缺乏,仍然是贵州省岩溶山区综合灾害风险防控与防灾减灾的科技瓶颈。

(3)监测预警系统运行保障不充分

虽确定了灾害隐患点监测预警人员,并签订了责任书,但大部分监测预警人员都没有受过专业、系统的灾害防治训练,由于文化素质普遍偏低,监测工作不够规范,极大地影响了监测结果的准确性和可靠性;部分群众灾害防治知识缺乏,避险技能不足,警惕性低,亟待提高;监测工具较为落后等问题,均导致灾害监测预警不够规范,致使部分灾害预测不足;综合的自然灾害监测网络和系统建设仍欠缺,灾害监测预警能力亟待加强,系统的运维保障工作缺乏,防灾减灾业务体系尚未标准、规范地建立。

(4)灾害治理尚未建立长效机制

灾害治理仍停留在灾害"发生—治理—再发生—再治理"的阶段,是典型的"点穴式"治理,治标不治本。目前,虽然"三查制度"和群测群防体系已经建立,但仍落实不到位,体系建设仍需在此基础上不断加强,做到"有制度即落实,无制度创制度""近期—中期—远期"的工程治理规划,建立长效的灾害防治机制,使其规范化、制度化,不受人为因素干扰。

(5)灾害救援与治理难度大,资金渠道不畅,经费不足

贵州省喀斯特山区灾害隐患大多位于经济落后的农村山区,为防灾减灾救灾工作的实施增加了难度。国家每年下发一定额度的自然灾害救灾资金,但是在具体的自然灾害救灾资金使用范围和要求方面不明确;其次,虽然每年省财政资金的使用已经向灾害治理方面倾斜,但可用资金仍然缺乏。同时,县级每年治理地质灾害的资金都需要经市人民政府向上级申请,不利于地质灾害治理。地方农民对灾害治理工程认识不足,对其重要性未被充分认识,部分地区还出现阻挠施工的现象。

(6)应急装备、物资与现实需求差距大

贵州省内应急装备整体水平较低,特殊救援装备缺乏,应急装备种类及数量与区域经济发展、工业企业分布情况、各种可能出现的自然灾害情况等不匹配;省级、市级应急物资储备量相对较少,县级以下储备量不足,大多储备库条件简陋,规范性不足,不能满足储存条件要求;应急物资储备仓库(库房)作业方式基本靠人工搬运,不能满足快速反应的要求;部分应急物资储备部门(单位)无专用车辆,购买社会服务经费不足;物资储备专业性管理人员缺乏,定期更换制度不健全。

(7)基层综合防灾减灾队伍及能力薄弱

基层综合防灾减灾队伍装备配备水平整体偏低,特别是部分应急救援队伍分布不均匀,队伍管理机制不通畅,乡镇、村社等基层综合性应急救援队伍建设面临突出问题,乡镇应急站一般只有1~3个编制,多数应急救援队员没有正式编制,待遇低,无法吸引更多的人员加入。总之,基层综合性应急救援队伍专业性不足、应急知识缺乏、没有培训、经费不足、装备差等问题比较普遍。

(8)基层防灾减灾工作协调与落实不彻底

基层政府协同工作中依然存在一些漏洞,各个应急主体的地位不明确,难以有效地协调

和处置突发事件,应急主体应对突发事件时的紧急措施在宏观法律条文中规定不具体,其约束力在基层部门中有限,导致基层部门在应对突发事件时,常有执行不力的情况发生。同时,部分地区基层政府财力、人力、物力资源有限,造成基层应急管理多注重应急响应环节,而忽略了培训演练、监测预警等流程。所以,基层政府的应急管理也急需加强,明确应急主体的地位、权利与义务,加大应急法律对应急管理流程的规范。同时继续升级和完善应急管理系统与软件,提高信息化水平。

# 第3章 喀斯特山区典型灾害场景演化分析

近年来,西南喀斯特山区自然灾害和人为灾害等灾害事件频频发生,给人民生命财产安全和社会经济发展造成了巨大的损失。各类灾害事件往往具有突发性强、威胁区域广、破坏性强,以及次生、衍生危害大等特点。目前,尚缺乏对灾害发生发展演化规律的科学认识,对灾害预防和应急很难事先准备。因此,为了能在灾害事件发生后有良好的应对措施,应设定一些基本可信的状况及条件情景,并针对情景演化规律,开展相应的防灾减灾和救灾工作,可以有效地提升灾害事件发生时的应急响应速度和处置效果。本课题开展的不同灾害类型情景演化分析也是基于此思路,开展不同灾害类型的情景演化分析,拟为喀斯特山区灾害风险评价和防灾减灾救灾提供一定的借鉴。

## 3.1 灾害情景及演化分析概述

### 3.1.1 灾害事件情景演化机理

大量历史灾害情景的分析研究表明,各类灾害事件发展演变过程具有复杂性、不可逆转性和开放性的动态演化特征,呈现出多米诺骨牌效应,以某一危险源为源头从而导致灾害事件系统内部和对外事宜的一系列反应。灾害事件影响范围广泛、涉及内容繁多,所处环境具有复杂性、模糊性和不确定性等特征,突发事件自身及其次生、衍生事件之间关联复杂。因此,开展灾后事件情景演化的机理研究时,要综合考虑事件环境条件复杂性、灾害链效应和灾害的时—空差异性三个原则。

(1)环境条件复杂性

在思路上,研究灾害事件演化机理必须强调将事件看作一个复杂系统,进行复杂系统的整体分析研究,特别是事件的发生和发展,往往需要时间、空间、物质属性的共同参与,进行复杂而庞大系统的处理,由于事件系统为多层次结构,故而,应急决策必将表现出与之对应的多层次和多目标特征。根据混沌理论思想,复杂系统内部具有敏感性、随机性、标度律和分维性,并且,它们之间存在着相互作用和错综复杂的联系。所以,只有增强对灾害事件的全局把握,把突发事件看作一个复杂完整的系统,才可以更好地揭示突发事件情景演化机理。

(2)灾害链效应

灾害事件发展过程中,通常会伴随一系列的次生灾害,有时会发生事件之间的耦合作用,多米诺骨牌效应频发,从而使发展特征多变、易变,超出灾害的一般发展规律。因此,在不同灾害类型的情景演化机理研究过程中,应当从多渠道、多角度及可能的结果等方面出发,采取前瞻性、开放性的思路,预先设想突发事件演化方向以及演化结果的下一阶段。

(3)灾害的时—空差异性

灾害事件本身在不同的时间尺度和空间范围出现的状态具有随机性和不确定性。因此,灾害所处的状态和时间相关,可连续或周期性地对其进行观察;同时,灾害各个阶段所采取的应急决策相互影响。序贯决策的特性必须体现在灾害情景演化分析过程中,决策措施应尽量满足突发事件现阶段和后续发展阶段的长远处理需要。

### 3.1.2 灾害事件情景演化系统构建

灾害事件情景演化系统构建的目的是表征灾害状态及其发展过程,为决策人员了解事件、分析事件、高效提出应对决策而服务。灾害事件情景演化的描述或表征方法通常能够以一种通用的形式进行表达,其演化发展过程大致可划分为三个基本模块,如图3.1所示。

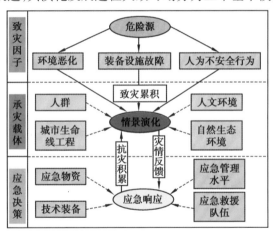

**图3.1 灾害事件情景演化过程**

(1)致灾因子

推动灾害事件发展演化的根本诱因是致灾因子。在灾害事件演化过程中,致灾因子可能不止一个方面,随着时间不断变化其所处的状态也可能改变,并且进一步向灾害事故链形式演化,即下一时态突发事件的致灾因子为上一时态突发事件的特征。在各类致灾因子联合作用下,环境恶化或设备故障或人为元素作用而形成典型危险源。

(2)承灾载体

致灾因子的发生发展导致灾害事件的演化过程中,受到有害影响的人员、环境、建筑物、工程设施等均为灾害事件的承灾载体。

（3）应急决策

灾害事件发生后,应急决策管理部门为了削弱和控制突发事件演化过程中,承灾载体所受到的各类破坏和损失而采取的决策及处置措施即为应急决策。

## 3.2　贵州省典型崩塌滑坡地质灾害危险性场景演化分析

崩塌滑坡地质灾害场景数值模拟软件使用了中国科学院山地所 MacCormack-TVD 有限差分法的基础上加以改进开发的 Massflow 软件,依据深度积分连续介质理论,把物质看作连续介质。此外,考虑运动过程中地形地貌的影响,对精度和计算时长做出平衡,在还原物质流动过程的情况下,减少数值模拟计算的时间。该数值模拟以二维方法模拟三维复杂问题。在保证计算精度的条件下对物质的质量、动量守恒方程进行计算。软件建模效率高、计算速度快,根据自身需求,支持使用者进行二次开发。地质灾害的情景演化分析工作思路如下。

（1）风险源识别与关键要素提取

收集典型崩塌和滑坡基础资料,主要包括勘查资料和专业监测资料,如工程地质平面图和剖面图、遥感影像、滑坡专业监测布置图及监测数据。同时收集该区水文资料,整理相关的岩土体物理力学指标,为数值模拟运动范围提供参数。

（2）调查承灾载体信息

综合应用野外调查的承灾载体信息:危险区、地利用类型和人类工程活动等资料,包括工厂、公共设施、建筑物（结构、年限、位置等）、道路、土地资源（分布位置、土地类型）。结合区域风险评价部分的人口和财产分布密度图,采用面积累加求和,分析单点灾害威胁范围内的人与财产情况,绘制单体地质灾害隐患风险图。

（3）情景过程演化模拟

利用 Massflow 模拟不同风险概率和不同灾害规模条件下的灾害体运动过程及威胁区域,模拟运动完成之后堆积体在不同区域的堆积情况。

本课题开展的初步灾害场景分析演化主要实现以下几个目标:

①P 风险概率下地质灾害危险区范围的圈定。

②P 风险概率下威胁区范围内受威胁人口计算。

③P 风险概率下威胁区范围内受威胁财产计算。

④P 风险概率下威胁斜坡单元险情与危险等级划分。

⑤P 风险概率下灾害应急分析与决策。

### 3.2.1 贵州省某崩塌隐患点风险场景演化分析

#### 1)野外调查与资料收集

研究对象危岩带位于陡崖处,平面形态呈条带状,危岩带宽 400 m,高 60 m,厚度约 6 m,体积 14.4 万 $m^3$,规模大,潜在崩塌方向 220°;发育地层及岩性为二叠系中统栖霞—茅口组(P₂q-m)灰岩,岩体结构为块裂结构,受大气降水、风化作用、植物根劈作用、卸荷等因素的共同影响,岩体主要发育两组节理裂隙,产状分别为 240°∠83° 和 130°∠85°。岩体受倾角近直立的两组节理及岩层层面的控制,岩体被切割成块状,形成多处危岩体,陡崖壁上见剥、坠落后的痕迹,陡崖脚见零星堆积的崩塌块石,方量一般为 4×2×2 $m^3$。危岩带全貌和地质剖面示意图如图 3.2、图 3.3 所示。据现场调查访问,该危岩带近期曾发生小规模崩塌,幸未造成人员伤亡。通过收集和整理该灾害点 2019 年 3 月 30 日—6 月 13 日的四处强烈变形区监测数据,发现自 4 月 20 日之后,斜坡变形开始加剧,其中变形监测点近期累计变形达到442 mm。

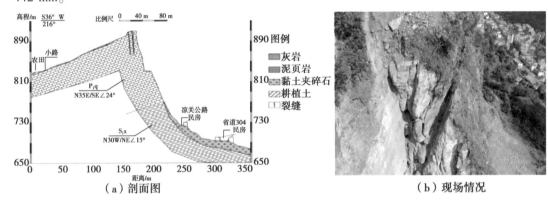

（a）剖面图                （b）现场情况

图 3.2　研究对象地质剖面图

图 3.3　贵州省思南县某危岩地带全貌(航拍影像)

同时,为了开展研究区内承灾对象及相关指标,本课题收集整理了崩塌周边范围内人口和财产统计资料,绘制区域人口和财产分布图,如图 3.4、图 3.5 所示,方便后期情景演化分析、威胁对象分析统计使用。

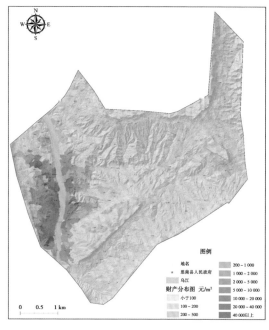

图 3.4  调查区斜坡单元财产分布图 图 3.5  调查区人口分布情况图

2) 不同风险概率+不同灾害规模条件下崩滑过程情景分析

采用 Massflow 软件进行数值模拟,将崩塌区地形图划分为边长 2 m×2 m 的正方形网格,采用 Coulomb 摩擦模型,该模型所需的岩土体内聚力、内摩擦角、密度等力学参数如表 3.1 所示,模拟工况为天然工况和暴雨工况,只对图 3.2 所示危岩范围进行模拟,崩滑方量分别按 2.0 万 m³ 和 5.0 万 m³ 估算计算,模型构建及某时刻运动范围预测如图 3.6 所示。

表 3.1  模拟模型采用的岩土体物理力学参数

| 计算工况 | 岩 性 | 所在风化位置 | 弹性模量/MPa | 泊松比 | 内聚力/KPa | 内摩擦角/(°) | 容重/(kN·m⁻³) |
|---|---|---|---|---|---|---|---|
| 天然 | 灰岩 | 弱卸荷带 | 1 200 | 0.32 | 1 150 | 37 | 28.5 |
| | | 新鲜岩体 | 1 200 | 0.32 | 1 200 | 37 | 28.6 |
| | 泥页岩 | 全风化带 | 400 | 0.42 | 120 | 28 | 22.8 |
| | | 强风化带 | 600 | 0.4 | 300 | 30 | 23.1 |
| | | 弱风化带 | 800 | 0.37 | 500 | 33 | 23.3 |
| 暴雨 | 灰岩 | 弱卸荷带 | 1 150 | 0.32 | 950 | 36 | 28.7 |
| | | 新鲜岩体 | 1 150 | 0.32 | 1 000 | 36 | 28.8 |
| | 泥页岩 | 全风化带 | 300 | 0.42 | 80 | 27 | 23.2 |
| | | 强风化带 | 450 | 0.4 | 150 | 39 | 23.5 |
| | | 弱风化带 | 600 | 0.37 | 300 | 32 | 23.7 |

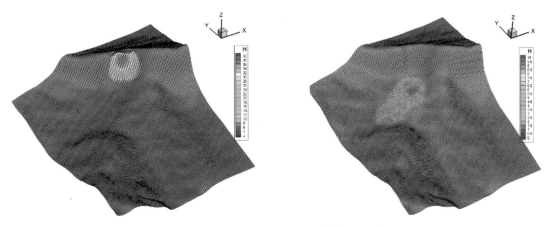

图 3.6　模型构建及某时刻运动范围预测

（1）滑坡方量 2.0 万 $m^3$，天然工况和 20 年一遇暴雨工况下失稳场景模拟

天然工况条件下（图 3.7），模拟工况方量为 2 万 $m^3$，设定崩滑运动过程时间 20 s，运动初始状态、运动失稳 4 s 和运动失稳 20 s 停止之后，天然状态下最大运动距离为 215 m，影响区域范围 23 000 $m^2$，结合前面绘制的人员密度分布图和财产密度分布图，绘制该影响区域内可能威胁的人员数量在 4~5 人，财产损失大约为 54.5 万元。考虑暴雨工况条件（图 3.8），风险概率 $P = 0.05$，崩滑体方量不变，最大运动距离在 280 m，影响区面积 28 000 $m^2$，同样，结合前面绘制的人员密度分布图和财产密度分布图，绘制该影响区域内可能威胁的人员数量在 8~9 人，财产损失大约为 86.6 万元。两种工况条件下，险情等级均为 Ⅳ 级，风险等级属于低风险区。

（2）滑坡方量 5.0 万 $m^3$，天然工况和 20 年一遇暴雨工况下威胁区域预测

天然工况条件下（图 3.9）模拟工况方量为 5 万 $m^3$，设定崩滑运动过程时间 20 s，运动初始状态、运动失稳 4 s 和运动失稳 20 s 停止之后，天然状态下最大运动距离为 208 m，影响区域范围 37 000 $m^2$，结合前面绘制的人员密度分布图和财产密度分布图，绘制该影响区域内可能威胁的人员数量在 8~9 人，财产损失大约为 108.5 万元。考虑暴雨工况条件（图 3.10），风险概率 $P = 0.05$，崩滑体方量不变，最大运动距离在 310 m，影响区面积 44 000 $m^2$，同样，结合前面绘制的人员密度分布图和财产密度分布图，绘制该影响区域内可能威胁的人员数量在 16~17 人，财产损失大约为 163 万元。两种工况条件下，险情等级均为 Ⅳ 级，风险等级属于中风险区。

3）风险决策

鉴于崩塌灾害隐患点目前处于欠稳定状态，且无论是天然工况还是暴雨工况条件，崩塌失稳运动范围内都会造成一定的人员和财产损失，建议立即将该隐患点情况上报当地国土部门，加强隐患点的巡查和监测预警工作；同时封锁下方道路，短期内严禁人员通行，可采用爆破的方法清除危岩体，或在崩塌体经过的下方区域设置多道被动防护网的方法进行落石的拦截，以减少灾害造成的损失。

  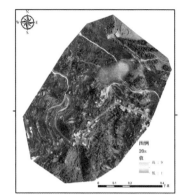

（a）初始启动状态0 s　　　　　（b）失稳运动4 s　　　　　（c）最终停止运动20 s

图 3.7　天然状态下运动范围预测

 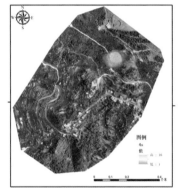 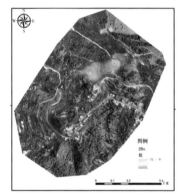

（a）初始启动状态0 s　　　　　（b）失稳运动4 s　　　　　（c）最终停止运动20 s

图 3.8　暴雨状态下运动范围预测

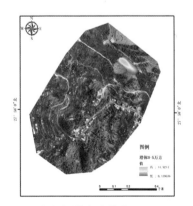 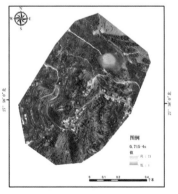 

（a）初始启动状态0 s　　　　　（b）失稳运动4 s　　　　　（c）最终停止运动20 s

图 3.9　天然状态下运动范围预测

 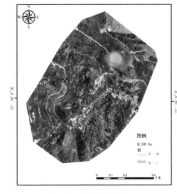 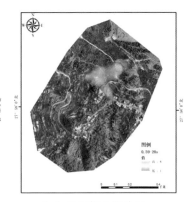

（a）初始启动状态0 s　　　　　（b）失稳运动4 s　　　　　（c）最终停止运动20 s

图 3.10　暴雨状态下运动范围预测

### 3.2.2　贵州省某滑坡隐患点风险场景演化分析

（1）滑坡基本特征

研究对象滑坡点从地貌形态上分析,该滑坡具有明显的老滑坡地貌形态,受区内强降雨影响,该滑坡局部出现复活,造成该段公路产生较大规模的沉陷、开裂和外移。在后部滑体推移的作用下,位于滑坡体中部地形平缓处居民房屋墙体和地面出现变形、开裂。根据现场调查情况和滑坡变形情况,将该滑坡分为上下两级滑坡,其中上级滑坡为老滑坡局部复活后的新生滑坡。新生滑坡整体坡度较为平缓,沿公路宽约 120 m,纵长约 300 m,后缘位于滑坡后部垮塌处,后缘高程 680 m,两侧以自然冲沟为界,新生滑坡滑面后部较深,为 16~20 m,前部较浅,为 10~12 m,且前部地面较为平缓,新生滑坡前缘位于老滑坡中部平缓地带居民房屋前。下级滑坡宽约 180 m,纵长约 360 m,前缘位于沟底,最低高程 530 m,两侧以自然冲沟为界。

据调查,该滑坡的变形在 2014 年 7 月 12—17 日的暴雨期间,受连续暴雨作用,首先由滑坡后部产生滑动变形,造成公路产生了较大规模的沉陷、开裂和外移,外侧护栏下错变形,滑坡段路基最大沉陷约 2 m。在后部滑体的滑移推动作用下,滑坡中部居民房屋地面、墙体和台阶均出现不同程度的裂缝,局部地面下沉形成错台,裂缝最宽达 10 cm,可见深度约0.8 m。滑坡两侧的冲沟附近也出现了羽状剪切裂缝,缝宽 5~10 cm。

（2）风险概率 $P=0.05$ 条件下崩滑过程数值模拟

本次模拟主要是针对暴雨情况（20 年一遇）,风险概率 $P=0.05$ 条件下,新生的滑坡进行运动过程及影响区域的模拟及风险评估工作。数值模拟采用的岩土体基本物理力学参数参考滑坡勘查报告,滑坡滑带土天然状态下黏聚力 $C$ 值为 10.1 kPa,内摩擦角 $\varphi$ 值为 9.9°~10.4°,饱和状态下黏聚力 $C$ 值为 9.6 kPa,内摩擦角 $\varphi$ 值为 9.4°~9.9°。数值模拟时间过程为100 s,具体滑动过程中岩土体运动堆积情况如图 3.11 所示。该滑坡如果发生失稳滑动,运动距离在 230 m 左右,主要沿着滑坡两侧的沟谷滑动,运动影响区域面积 240 000 m²,结合人员密度分布图和财产密度分布图,该滑坡影响人数 18 人,影响财产数 208 万元,综合分析风险等级较低。秦家大坪滑坡暴雨状态下运动范围预测如图 3.11 所示。

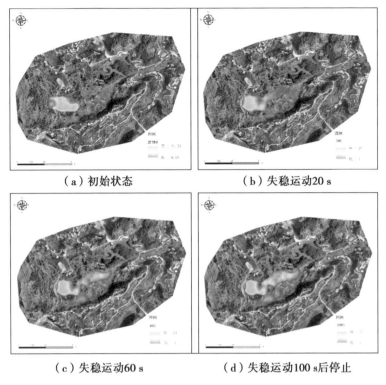

（a）初始状态　　　　　　　　　（b）失稳运动20 s

（c）失稳运动60 s　　　　　（d）失稳运动100 s后停止

图 3.11　秦家大坪滑坡暴雨状态下运动范围预测

## 3.3　典型暴雨山洪灾害演化场景分析

### 3.3.1　场景构建方法

（1）区域选定

贵州省 2020 年汛期共发生暴雨洪涝灾害 244 起，灾害共造成全省 972 593 人受灾、死亡 28 人、失踪 18 人，造成直接经济损失约 433 560.47 万元，对人们的生产生活、生命财产造成了很大的损害。利用 2020 年汛期小时降雨资料，对汛期不同时间尺度降雨的时空特征进行了分析，结果显示，贵州省 2020 年汛期在南部有两个强降雨中心，共有 14 个县降雨量突破历史极值（占全省的 14.67%），1 h 雨量最大值位于遵义市的正安县碧峰镇，小时降雨量达到 163.3 mm，破贵州省的历史极值；3 h 最大雨量位于安顺市的关岭县谷目镇，累计降雨量达到 305.9 mm；6 h 雨量最大值与 3 h 一致，累计降雨量达到 327.9 mm；12 h 雨量最大值位于黔东南州的榕江县平永镇，累计降雨量为 342.8 mm。24 h 雨量最大值位于黔东南州榕江县的平永站，达到了 366.2mm。

本课题选取区域正安县碧峰乡作为模拟区域，对区域 5 年、10 年、20 年、50 年以及 100 年暴雨洪涝灾害进行场景演化模拟工作。

（2）指标选定

为模拟研究区不同程度暴雨场景，选用暴雨强度公式计算不同重现期的短历时设计降雨量，即可通过暴雨强度公式，计算5年、10年、20年、50年及100年不同历时的暴雨强度。

依据《室外排水设计规范》（GB 50014—2006，2016年版），定义暴雨强度公式为：

$$q = \frac{167A_1(1 + c \lg P)}{(t + b)^n} \tag{3.1}$$

式中　$q$——暴雨强度，$L/(S \cdot hm^2)$。

　　　$P$——重现期，年，取值范围在1~100年。

　　　$t$——降雨历时，min，取值范围在1~180 min。重现期越长、历时越短，暴雨强度越大。

　　　$A_1$——雨力参数，即重现期在1年时的1 min设计降雨量，mm。

　　　$c$——雨力变动参数。

　　　$b$——降雨历时修正参数，即对暴雨强度公式两边求对数后能使曲线化成直线所加的一个时间参数，min。

　　　$n$——暴雨衰减指数，与重现期相关。

$A_1$、$b$、$c$、$n$是与地方暴雨特性有关的，且需要求解的参数。暴雨强度频率的计算公式如下：

$$P_l = \frac{M}{N + 1} \times 100\% \tag{3.2}$$

式中　$P_l$——频率。

　　　$M$——样本的序号（样本按从大到小排序）。

　　　$N$——样本总数，个。

暴雨强度重现期$P$是指相等或超过它的暴雨强度出现一次的平均时间，单位为年。由此得出重现期计算公式：

$$P = \frac{N + 1}{M} \tag{3.3}$$

重现期5、10、20、50、100年，相对应的频率为5%、2.5%、1.25%、0.5%、0.25%。

暴雨强度公式为已知关系式的超定非线性方程，公式中有四个参数，显然常规方法无法求解，因此参数估计方法设计和减少估算误差尤为关键。首先对式（3.1）进行线性化处理：

令 $A = A_1(1 + c \lg P)$，那么式（3.1）即变为：

$$q = \frac{167A}{(t + b)^n} \tag{3.4}$$

式（3.4）即为单一重现期公式，通过式（3.4）分别把1、2、3、5、10、20、50和100年等八个重现期的单一暴雨强度公式推求出来。首先推算这八个重现期暴雨强度公式的需求参数$A$、$b$、$n$。用常规方法无法求解暴雨强度公式即式（3.4），将式（3.4）两边取对数得：

$$\ln q = \ln 167A_1 - n \ln(t + b) \tag{3.5}$$

令 $y=\ln q$，$b_0=\ln 167A_1$，$b_1=-n$，$x=\ln(t+b)$，那么式（3.5）就变为：

$$y = b_0 + b_1 x \tag{3.6}$$

式（3.6）应用最小二乘法和数值逼近，可求出 $b_0$、$b_1$，则 $A$、$n$ 可求。而在具体计算过程中，由于 $b$ 是未知数，因此最小二乘法还无法用来求解方程。这时把 $b$ 值在（0，50）内取值，步长设为 0.001，$A$、$n$ 值应用最小二乘法求得。将此 $A$、$n$、$b$ 代入公式 $q=\dfrac{167A}{(t+b)^n}$，计算得出暴雨强度 $q''$，同时算出降雨强度 $q'$ 与 $q''$ 的平均绝对方差 $\sigma$，利用数值逼近法选取 $\sigma$ 最小的一组 $A$、$b$、$n$ 为所求，可逐个推算出每个单一重现期暴雨强度公式。

### 3.3.2　场景工况设计

采用年最大值法选样暴雨样本资料，由于资料年限小于设计采用的重现期（100 年一遇），故采用指数分布曲线、耿贝尔分布曲线和皮尔逊-Ⅲ型分布曲线对样本资料进行三种理论频率分布曲线调整，采用拟合精度高、误差小的分布曲线，拟合精度以相对均方误差和绝对均方误差作为判断依据。

单一重现期暴雨公式如表 3.2 所示。

表 3.2　单一重现期暴雨公式

| 重现期 $P$/年 | 公　式 |
|---|---|
| 5 | $4\,200.551/(t+14.685)^{0.783}$ |
| 10 | $4\,462.741/(t+13.709)^{0.760}$ |
| 20 | $4\,825.465/(t+13.247)^{0.743}$ |
| 50 | $5302.918/(t+12.666)^{0.731}$ |
| 100 | $5\,663.304/(t+12.236)^{0.723}$ |

注：$t$ 为降雨时间，单位为分钟（min）。

由于暴雨强度公式构建需利用长时间序列分钟降水资料，仅正安县国家站资料符合要求，能构建点上的情况，但无法精确模拟区域降雨状况。为解决区域内降水模拟问题，引入区域自动站降水资料，但自动站资料年限短，需对区域站降水资料进行重建。采用最近距离参考站拟合的方法，以国家站分钟降水资料为基准，对区域内自动站降水资料进行重建，用以计算区域内多点暴雨强度，从而构建面上设计暴雨状况。

### 3.3.3　场景演化模拟

结合不同重现期暴雨情况，进行场景模拟（图 3.12—图 3.16）。图 3.12 及图 3.13 为贵州省正安县碧峰乡 A 村与 B 村周边场景，场景内涉及农田、林地、村庄、学校、河流等，左侧为正常场景，右侧为遭遇不同重现期暴雨造成洪涝灾害场景的模拟。某日 A 村遭遇了 5 年一遇的暴雨洪涝灾害,24 h 累计雨量达到 289 mm,水域面积由原来的 1.2 km² 增加至 2.0 km²,农业受损面积为 0.08 km²。当日,B 村遭遇了 10 年一遇的暴雨洪涝灾害,该村相对于 A 村地势较高,水域面积增幅 175%,河道主要向东部扩张,多条主干道以及低洼地段被淹没,灾损面积共计 0.3 km²。图 3.14—图 3.16 为正安县碧峰乡 C、D、F 村周边场景,三个场景内主要有耕地、林地、村庄、学校、工地、国道等,某日分别遭遇了 20 年、50 年、100 年一遇的暴雨洪涝灾害,水域面积增幅达到 300%～500%,24 h 累计雨量均超过 430.85 mm,村庄、学校、工地、耕地等受灾严重,由于淹没面积较大且下垫面类型复杂,导致水体浑浊。此外,受地形地势影响,C 村河道主要向南部和西部扩张,D 村河道向西部扩张,F 村河道向东部扩张,灾损面积分别为 0.9 km²、1.8 km²、2.7 km²,特别是 F 村生态环境遭到严重破坏,经济损失严重,其百年一遇的暴雨洪涝灾害对人们生产生活、生命财产造成了极大损害。

**图 3.12　5 年一遇暴雨洪涝灾害场景模拟(左图为正常场景,右图为灾害场景)**

**图 3.13　10 年一遇暴雨山洪灾害场景模拟(左图为正常场景,右图为灾害场景)**

**图 3.14　20 年一遇暴雨山洪灾害场景模拟(左图为正常场景,右图为灾害场景)**

图 3.15　50 年一遇暴雨山洪灾害场景模拟（左图为正常场景，右图为灾害场景）

图 3.16　100 年一遇暴雨山洪灾害场景模拟（左图为正常场景，右图为灾害场景）

## 3.4　典型干旱灾害场景演化分析

　　造成干旱灾害的主要因素包括降雨量少使得土壤水分降低、人类活动增加水资源减少、气候变暖导致蒸发量增大等。因此，图 3.17—图 3.20 分别为碧峰乡周边 5 年、10 年、20 年、50 年的干旱灾害场景模拟，颜色越红表示旱情越重。场景内涉及农田、耕地、林地、河流、村庄以及建设用地等。碧峰镇周边遭遇的 5 年、10 年一遇的干旱灾害，降水量分别较常年偏少15% 和 25%，部分溪流断流，水域面积分别减少 10% 与 20%，全镇农作物受灾严重，受灾面积分别为 2 km²、3 km²。20 年、50 年的一遇干旱灾害，降水量较常年减少 30% 与 50%，持续干旱造成地表水补充不足，水域面积严重下降，河道断流，水井、水窖蓄水严重不足，某水库降至历史最低水位，分别有 5 km²、7 km² 土地出现干白，其中重旱面积分别为 2 km²、3 km²，农作物受灾面积达 4 km²、5 km²。

图 3.17　5 年一遇干旱场景模拟

图 3.18　10 年一遇干旱场景模拟

图 3.19　20 年一遇干旱场景模拟

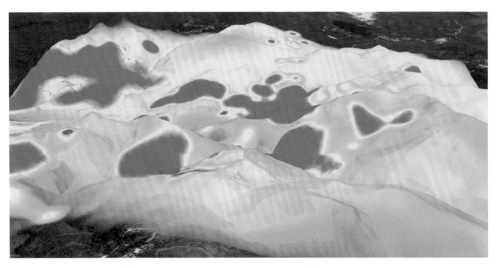

**图 3.20　50 年一遇干旱场景模拟**

因此,三维模型可针对洪涝、干旱等不同级别的灾害模拟场景,提出相应的应急措施与具体建议。此外,通过三维模型可进行灾害防御演练,为后续灾害防御提供一定的基础支撑,减少自然灾害对生态环境造成的不可逆影响,同时能够增强社会的应急抗灾意识,降低自然灾害对个人以及社会造成的经济损失。

# 第4章　基于灾害场景的综合防灾减灾举措

## 4.1　喀斯特山区地质灾害综合防灾减灾举措

### 4.1.1　潜在地质灾害隐患综合识别与核查举措

首先,变形信息识别,利用覆盖我国全域中分率卫星雷达数据(如国产探测一号、欧洲哨兵数据等)、开源数字高程模型(DEM)等,开展斜坡地面变形 InSar 测量,计算潜在隐患的活动、空间分布、变形速率等,每年获取两次以上地表变形数据。其次,隐患空间信息获取,利用多时相中-高分辨率国产光学卫星影像和高精度 DEM 数据(航摄国产亚米级),基于灾害空间几何形态、影像特征和区域地质背景、形成条件分析,以人机交互解译为主,开展突发性地质灾害位置、范围边界、变形部位等空间几何特征信息提取,获取一次地质灾害空间几何形态特征数据。再次,圈定重点区和一般区,综合利用地表形变、地质灾害空间几何特征等成果,叠加区域地质背景、基础地理、地形地貌、气候气象和土地利用、国土空间规划等数据,考虑地质灾害形成条件、诱发因素和易发程度等,统筹地质灾害的规模、活动性及其影响范围、威胁对象等因素,圈定地质灾害重点变形区和高风险地质灾害隐患分布,形成包括图件、报告、数据库等早期识别分析系列产品。最后,地面核查,针对遥感识别新隐患点,以县为单元部署开展核查工作,定期提交灾害隐患核查成果至省级数据库进行存档。核查工作要重点对地质环境背景条件、变形迹象和威胁对象等进行核查,逐步建立完善标准化的贵州省灾害承灾体大数据库,为后续精细化动态风险评价提供支撑。

### 4.1.2　易发区地质灾害调查、勘查与评价举措

采用地面调查与工程地质测绘、物探等相结合的技术手段,开展 1∶50 000 地质灾害隐患调查,查明地质灾害孕灾条件和基本特征;针对受地质灾害威胁严重的集镇等人口聚居区,采用无人机、三维激光扫描、边坡雷达等新技术、新方法开展 1∶10 000 地质灾害隐患调查,主要查明地质灾害隐患的变形特征和危害程度。对重大地质灾害隐患点开展1∶500~

1∶2 000勘查,分析地质灾害形成机理、演变规律、成灾模式,评价隐患点的稳定性。

### 4.1.3 承灾体综合调查与风险评估举措

按照国家和省级标准,在贵州省范围内统筹利用现有农业、资源与环境、基础设施、人口与经济等承灾体基础数据,重点调查房屋建筑类承灾体地理位置、物理属性和灾害属性信息;全面掌握房屋建筑、交通运输设施、通信设施、能源设施、市政设施、水利设施、农业、资源与环境、人口与经济等承灾体分布及灾害属性特征;建立互联共享的覆盖省、地、县、乡四级的集房屋建筑、基础设施、农业、资源与环境、人口与经济等要素信息为一体,反映承灾体数量、价值与设防水平空间分布的承灾体调查成果 GIS 数据库。

开展不同比例尺地质灾害风险评价(图 4.1),综合考虑地质灾害隐患危险性和威胁对象等因素,按照极高、高、中、低四级划分地质灾害风险等级,分类提出监测、治理、避险移民搬迁、销号等防治对策和时序安排建议。

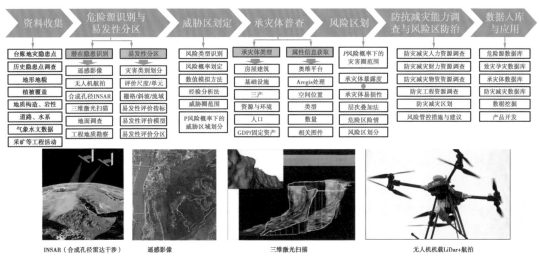

**图 4.1 地质灾害风险普查流程图**

### 4.1.4 地质灾害灾情应急响应举措

地质灾害灾情应急响应依据《中华人民共和国突发事件应对法》《国家突发事件总体应急预案》《贵州省机构改革实施方案》及《贵州省应急管理厅地质灾害应急响应行动方案》等文件,开展相应的应急救援与灾后重建工作,内容主要包括以下几个方面。

(1)险情灾情信息速报

①灾情接报。指挥中心接到险情灾情信息后,立即向应急管理厅主要负责人报告,并通报相关业务处室。险情灾情信息报告要点一般包括:灾害发生时间、地区地点、类别、规模、影响范围、人员伤亡、灾害成因预测和抢险救援情况等。

②信息上报。险情灾情信息汇总后,应急管理厅主要负责人通过电话向省委省政府分管领导报告,视情况向省委书记办公室、省长办公室报告;提出派出先期工作组(厅际联合工

作组)建议,组织相关部门,赶赴灾害现场指导抢险救援救灾工作。经应急管理厅主要负责人同意,指挥中心向省信息综合室、省总值班室上报险情灾情信息。

③先期处置。指挥中心要求地方政府迅速摸清情况,立即组织抢险救援救灾。风险监测和综合减灾处拟提出先期工作组(厅际联合工作组)成员名单,准备赴灾害现场必需装备。地震和地质灾害救援处组织、收集相关基础背景资料,对地质灾害险情灾情进行初步研判和快速评估。厅办公室协调落实先期工作组(厅际联合工作组)出行票务、应急通道保障,会同消防部门保障出行应急车辆。消防部门落实出行通信保障。

(2)建立现场指挥联络

①建立通联。消防部门负责建立应急指挥中心大厅与灾害现场、各级指挥机构、应急救援队伍之间的通信联络。应急指挥中心负责构建指挥系统、应用平台等互联互通。

②分析灾情。应急指挥中心通知分管领导、办公室、地震和地质灾害救援处、救灾和物资保障处、风险监测和综合减灾处等相关业务处室到指挥中心大厅参加应急响应,视情况通知自然资源厅等厅局(单位)参加。地方应急管理部门报告受灾情况及先期抢险救援开展情况。各相关处室报告相关情况。

(3)启动应急响应程序

①响应准备。做好启动先期工作组(厅际联合工作组)或省应急指挥部的准备工作。地震和地质灾害救援处密切跟踪研判灾害发展趋势,及时向业务分管领导提出启动应急响应建议。风险监测和综合减灾处、救灾和物资保障处组织协调相关抢险救援力量、救灾物资准备。应急管理厅业务分管领导综合险情灾情,向应急管理厅主要负责人提出启动响应等级和相关工作建议。

②启动响应。应急管理厅主要负责综合报告建议,确定响应等级,宣布启动响应命令,部署响应工作。响应命令主要包括险情灾情研判、响应等级、派出先期工作组(厅际联合工作组)、成立省应急指挥部、响应工作安排。

③响应协同。响应启动后,先期工作组(厅际联合工作组)成员集结出动,赶赴灾害现场。指挥中心会同地震和地质灾害救援处提出省应急指挥部编组建议。应急指挥中心大厅按照前述编组模式,进入应急响应状态。

启动四级应急响应,指挥中心通知有关地州市局(单位)联络员和协调相关专家,到应急指挥中心大厅参加应急响应。

启动三级(含)以上应急响应,成立省应急指挥部,指挥中心通知省应急指挥部成员,到应急指挥中心大厅或赶赴灾害现场。

各指挥编组按职责分工同步展开相关工作。

④会商研判。根据地质灾害险情灾情应对需求,各级指挥机构、相关部门、应急抢险救援队伍及相关专家采取现场会商、远程会商等方式,滚动研判险情灾情态势,指导编制抢险救援方案,相关部门应及时共享已有基础数据资料、监测预警信息、险情灾情和工作动态情况。

（4）指导现场应急处置

①形成方案。启动三、四级应急响应时，指导协助地方制订完善抢险救援方案，实施抢险救援救灾工作。启动二级（含）以上应急响应时，应急管理厅会同相关厅局提出抢险救援建议，报省应急指挥部同意后组织实施。

②实施方案。各指挥编组按任务分工协同展开抢险救援救灾工作，科学施救，最大限度搜救失联人员，妥善救治伤员和安置受灾群众，保障群众基本生活。根据险情灾情需求和发展情况，动态优化、调控抢险救援救灾行动进程。组织开展抢险救援现场监测预警，确定预警信号和撤离路线，确保抢险救援人员安全。

（5）强化新闻宣传报道

①信息发布。宣传报道组协调国内外媒体，综合利用电视、广播、网络、新媒体等手段，统一宣传口径，客观、真实、准确报道险情灾情和抢险救援救灾行动；做好灾害现场记者组织和管理工作。

特别重大灾害信息发布，经省委省政府主要负责人批准后，由省地质灾害防治指挥部办公室在第一时间发布灾害信息和应急响应情况，及时召开新闻发布会，视情动态发布抢险救援救灾进展。

②舆情监控。宣传报道组协调相关单位加强舆情监测跟踪，密切关注舆情，汇总舆情动态，及时向省应急指挥部和应急管理厅主要负责人报告，及时有效引导社会舆论。

（6）应急响应工作总结

①结束响应。人员搜救基本完成，受灾群众得到妥善安置，灾区基本情况稳定，抢险救援阶段基本结束，综合协调组根据省应急指挥部（应急管理厅主要负责人）意见，按照应急响应权限，履行结束应急响应程序。相关部门、有关省（区、市）人民政府根据职责分工分别做好后续工作，并将后续工作进展情况及时反馈应急管理厅。

②工作总结。应急响应完成后，应急管理厅视情组织总结和评估工作。各指挥编组结合任务分工对抢险救援救灾工作进行总结，报应急指挥部（综合协调组）。综合协调组形成总结报告，经应急管理厅主要负责人审签后，报省政府。

③恢复重建。根据相关规定指导发展改革、财政、应急管理、自然资源、住房城乡建设等相关部门开展灾后恢复重建工作，要求相关厅局、有关省（区、市）人民政府根据职责分工做好灾后恢复重建，并及时反馈灾后恢复重建规划、进展情况。

## 4.1.5　地质灾害风险管控举措

地质灾害风险管控包括了灾害工程手段和非工程手段两个方面，对于降低事件涉及方面的方法较多，主要包括搬迁避让、地质灾害预警、临时避让、地质灾害防灾减灾宣传、国土空间规划等（图 4.2）。

1）地质灾害工程防治措施与建议

其中地质灾害防治规划及其防治措施应在查明灾害点自然及地质环境条件、基本特征、成因机制、变形破坏特征及稳定性和危害程度的基础上,本着因地制宜、综合整治、科学合理、经济实效的原则,确定防治方案。地质灾害采取的防治要进行近期和远期规划,并编制区域近—远期治理工程防治措施建议方案。其中近期措施的防治紧迫程度为紧迫或较紧迫的,措施主要为工程治理和搬迁避让等;远期措施主要采用监测、搬迁避让等。

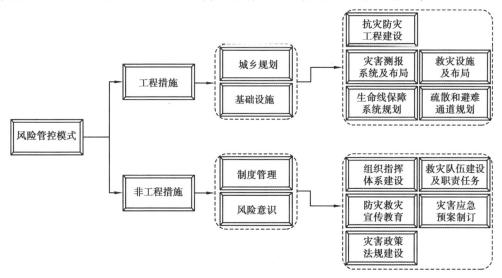

图 4.2　地质灾害风险管理模式框架图

(1)地质灾害近期防治建议

①工程治理。

对于区内稳定性差及发展趋势不稳定,紧迫-较紧迫,风险性高的地质灾害点,经治理后可达到较高的经济效益、环境效益和生态效益,这类地灾点建议采取工程治理措施。常用的工程治理方法包括削方减载、地表及地下排水、坡面防护、抗滑支挡、护沟等。

②搬迁避让。

对于区内为欠稳定或发展趋势不稳定,紧迫-较紧迫,风险性较高-中,治理难度大,治理费用高且治理经济性较差的地质灾害点建议采取搬迁避让措施。在搬迁措施中,应结合地质灾害点以及受威胁对象特征,考虑实施"整体或部分、分期分批"的搬迁方案。地质灾害搬迁避让工作,应做到搬迁新址早规划,尽可能搬迁到位。为避免搬迁对象二次受到地质灾害的影响和危害,须对搬迁新址做好地质灾害危险性评估工作。

(2)地质灾害远期防治建议

①监测。

对于区内为基本稳定,较紧迫-—般且治理经济性较差的地质灾害点建议实施人工监测或专业监测措施。建成以人防和技防相结合为特征的监测预警预报体系,通过升级群测群防监测手段实现隐患点的预警预报,通过自动化监测设备实现地质灾害点的实时动态监测。根据监测情况,判断该地质灾害的发展趋势,然后再做出相应的治理措施。

②搬迁避让。

对于区内为欠稳定或发展趋势不稳定,紧迫—较紧迫,风险性较高—中,治理难度大,治理费用高且治理经济性较差,受威胁群众有通过搬迁改变居住环境意愿的地质灾害点建议采取搬迁避让措施。在搬迁避让措施中,主要通过引导,进行逐步搬迁。该搬迁避让措施,建议以分部分批搬迁为主,通过分散搬迁的办法,逐步引导。

2)非工程防治措施建议

地质灾害非工程措施风险管控从风险管理纳入城乡规划,提高政策制定者、专业人士和居民的风险意识,加强风险制度管理等几个方面综合考虑。国土空间合理规划也是降低风险的重要环节,调查区内地质环境条件脆弱,不合理的人类工程活动引发地质灾害的现象普遍发生,因此要在地质灾害风险源和风险评价成果的基础上合理进行城乡建设和土地利用规划,一方面要尽量避开风险源区;另一方面要对人工工程活动进行有效的约束,减少诱发地质灾害的可能性。地质灾害防灾减灾宣传工作在降低地质灾害风险中尤其重要,居民的风险意识对灾害损失、防灾减灾效果、灾后社会稳定与重建进程都有重要影响。宣传教育中除了地质灾害的识别外,更重要的是避险的演练,有避险准备计划、预警信号、撤离路线、应急避难场所等,让民众在紧急情况下知道最近的应急避难场地和撤离路线,应多开展防灾演练。

## 4.2　喀斯特山区暴雨洪涝综合防灾减灾举措

### 4.2.1　暴雨洪涝灾害风险评估举措

喀斯特山区的地貌复杂,洪涝灾害多发且来势凶猛,对山区典型洪涝灾害进行分析研判,对易发区的洪涝灾害机理、类型及防治提供依据,为决策者提供公共资源的合理配置、防洪减灾建设提供参考数据,辅助决策者制订防洪减灾政策决议。

随机洪涝事件作用于人类社会及生存环境可能产生的不良后果,称为洪涝风险。当洪涝风险程度高,严重危及社会经济发展及人民生命财产安全时,政府有必要采取相应的防灾减灾措施,以降低其风险代价。洪涝风险分析的主要内容包括:

①洪涝分析:分析喀斯特地区典型洪涝机理成因、洪涝特征、发生频率、淹没范围等。

②承灾体的调查及价值评估。

③承灾体承灾能力分析。

④灾害分析:灾害损失估算、社会影响评估。

⑤风险评价:整体、全面地评价洪水风险(损失期望、损失经济预测、社会影响程度等)是否可以接受。

⑥洪涝减灾措施方案设计及其费用和影响分析:针对洪涝灾害风险要素(洪涝、承灾体、

脆弱性等)特征提出减轻洪涝灾害风险对策及分析备选方案、评估方案的可行性。

⑦风险再评价及其效益评估:评估方案实施后的风险变化情况以及估算潜在效益。

⑧决策:通过比较风险与组合方案的评估、分析与比较,选择科学的防控措施。

### 4.2.2 洪涝灾害应急响应举措

当应对暴雨引发的洪涝灾害时,主要的应急处理手段包括应急转移、洪水调度技术、灾时救助等。

1)应急转移

当洪涝灾害的预警指标达到红色预警阈值后,当地政府以及有关应急单位应立即组织引导应急覆盖区的群众进行应急转移,以规避转移灾害风险。由于在喀斯特山区洪涝灾害发生多短暂,来势较强,对应急转移的要求就应当更高,要求专业、及时、高效、有序、安全,为达成这一目标,需要高标准要求绘制避洪应急转移图件以及演练工作。

①避洪应急转移图:转移图要充分考虑喀斯特山区的地貌特征,考虑山区洪涝灾害的伴生灾害,如滑坡、泥石流等因素。

②确定安置场所:对转移地区的人口及人口需求进行估算,应当满足安全、食宿、通信等基本生活需求。常见的安置场所包括学校、社区中心、公共体育场等。

③明确转移路线:转移路线是应急转移的主要工作之一,对应喀斯特山区的洪涝特征、居住习性以及人口分布特征,常规逃生路线缺乏效率性及针对性。针对山区老幼人口、住房分散等特征,拟定帮扶机制及高效转移路径,增强灾时互救能力。

④应急转移宣传及演练:提高洪涝灾害防范意识,增强洪涝灾害应对能力,需要对洪涝灾害应急处理流程进行宣传以及展开演练,确定灾时自救互救流程,组织机构验证转移相关图件(卡)的可操作性、科学性,及时发现问题并修正完善方案。

2)洪水调度技术

洪水调度是利用防洪工程以及防洪系统中的控制设施,有计划地分配洪水以达到防洪最优效果。其主要目的是减免洪涝灾害,同时适当考虑水资源的利用、发电效益及其他综合利用。

(1)分洪措施

分洪措施包括蓄滞洪区及分洪道两种。当河湖水位达到预警阈值后,可以依据防洪预案结合实际情况进行分洪,如若水位持续上涨,危及重要保护区的安全时,可以根据防洪方案,运用非常蓄滞区,放弃部分次要保护区。

(2)库水调度

设有泄洪措施,能够按照人的意愿进行蓄泄的设施,才能进行防洪调度,否则只具有滞洪作用。常见库水调度方式包括固定泄洪调度、防洪补偿调度、防洪预报调度、防洪与兴利结合的调度、水库区的防洪联合调度。

（3）防洪工程系统的联合调度

由防堤、分洪、蓄洪工程和水库等联合组成，在灾时联合各项防洪工程优势，有计划地统一调度，高效地调节、控制洪水分布。

## 4.2.3　灾害恢复重建举措

洪涝灾害后，受灾地区满目疮痍，垃圾堆积、基础设施严重受损、房屋破坏、基本生命线受阻严重，部分居民流离失所，政府面临严峻的灾后清理和恢复重建工作：救死扶伤、人员搜救、清理堵塞物、供水供电、恢复交通、卫生防疫、救援救助、设施修复、协助生产恢复、家园重建等。

（1）恢复重建

山洪的发生对社会造成极大的伤害，同时也揭示了前期建设开发行为存在的潜在问题，为后期的土地利用，城镇规划、发展和保护模式提供一定的条件和依据，为未来可持续发展奠定一定的基础。重建计划主要包括住宅重建、基础公共设施重建、防灾措施重建以及建筑物建筑规范和规划。

（2）划定禁止开发区，恢复河道城镇泄洪能力

灾害的发生能够暴露某些地区的潜在问题，对于治理难度大、治理效益差的地区，划分禁止开发区，同时推动防控基础较好的地区重建，发展集中化、现代化社区、厂区；发放救助救援资金，提供重建贷款，灾害保险等，利用重建资金吸引本单位居民至区外新址开展家园重建工作，解决山区居民分散，厂区建设不合理等基础问题，增强社会可持续发展。

（3）重建后效评估

灾后重建是涉及社会、经济和生态环境的系统工程，展开对重建工作的后效评估，保障灾区各领域的统筹发展。重建后效评估主要包括经济后效评估、环境后效评估、社会后效评估几个方面，有利于灾后经济产业结构调整与布局优化，有利于保障灾区经济长效发展，是灾区振兴的重要举措。

## 4.2.4　抗灾减灾工程及非工程举措

洪涝灾害的防治主要包括"蓄与泄""堵与疏""预警预报与避洪调度""工程与非工程治理""根治与风险管理"等。所处环境条件不同，社会经济状况不同，防治的方略也不尽相同。喀斯特山区的洪涝灾害多为短时急发型，承灾体多分散，承灾能力较弱，根治代价较大，应当承认洪涝风险的存在，适度保护，合理开发，协调人与自然的和谐发展。科学、综合地防治洪涝灾害遵循的基本原则为：

①以山区河道小流域为治理单元。

②以非工程措施治理为主。

③因地制宜地采取源头、过程防治和重点防护工程。

④制订有针对性的建设规范。

1）洪涝灾害防治的工程措施

贵州省喀斯特山区以裸露型及浅层覆盖型岩溶为主,山高坡陡,岩溶洼地、谷地负地形众多,岩溶发育强烈,是洪涝灾害的多发区域。洪涝灾害不需要长时间的酝酿渐变过程,多是短历时的连降大暴雨、暴雨和大雨情况下,因地下岩溶通道排泄不及时,有的甚至无排泄通道,导致地表河床淤积、水位抬升,从而造成洪涝灾害的突然发生。

退耕还林还草,保护原有天然植被森林,大力开展人工造林及封山育林,营造高质量、高标准森林,充分发挥森林植被的涵养水源功能,减少水土流失,改善区内的生态环境,可有效地减缓洪涝灾害的发生(图4.3);可选择有利的岩溶地貌部位筑坝,修建拦蓄引蓄工程,既能防旱抗旱、减轻水土流失,也能起到防洪排涝的作用;地下岩溶管道的疏通及开挖排洪通道也有利于雨季积水排渗,减少雨季洪涝灾害发生。山区防洪工程措施类型如表4.1所示。

图4.3　15°~25°重要水源坡地耕地退耕还林措施

表4.1　山区防洪工程措施类型

| 源头治理(面) | 过程治理(线) | 重点防护(点) |
| --- | --- | --- |
| 封山育林 | 防洪水库 | 疏浚 |
| 水土保持 | 防护堤、拦沙坝 | 排洪渠涵 |
| 耕地梯田化 | 蓄滞洪区 | 防涝排水建设 |
| 固坡工程 | 分洪建设 | 防洪避让 |

2）洪涝灾害防治的非工程措施

非工程措施是洪涝灾害防治的重点,主要包括洪涝灾害危险区划与风险公示、避洪转移图及避洪措施的确定、提高洪涝灾害防治意识、洪涝灾害自救生存能力提升、洪涝灾害风险规避、洪涝灾害预测预报、洪水风险分担及救助、承灾体管理等几类。

洪涝灾害的危险区划:洪涝灾害的防治前提是正确把握可能发生的洪涝灾害及其风险特征,是致灾因子、承灾体及承灾体易损性的综合作用结果,通过分析区内的洪涝灾害风险,绘制洪涝灾害的危险区域图。

避洪应急转移图：根据洪涝灾害危险区划，绘制相应的避洪转移图，进行避洪单元及人口的划分，确定避洪转移路线以及安置处理等。

防灾意识及能力提升：通过常态化的防灾减灾宣传，提升居民防灾减灾能力，增强大众防灾意识；对可能受威胁的个人、家庭、团体等，加强灾害预防知识普及，指导正确的自救互救行为；展开不同地区易发灾害的应急演练，增强民众特定性灾种的防护能力。

承灾体管理：在灾害风险分析的基础上，对洪泛区内的开发建设和避洪行为提供规范或指导。

### 4.2.5　山区洪涝灾害的预测预报举措

预测预报是根据洪涝灾害的机理、成因及历史数据，利用气象及水文资料，针对现有的灾害孕育情况，通过合理有效的科学技术手段进行分析预测并及时预报预警。预报方法主要包括流域降雨径流法、水文计算法等。

1）分布式水文计算法

①确定特征流量（$Q_特$）：对需要预警的流域，选择流域内的居民集中聚集地、产业区以及基础设施附近的典型断面图，确定其特征流量及其特征水位。

②确定特征流量出现的时间（$t_q$）：根据特征流量、当地的安全流量分析结果以及当地流域的积水信息等，计算地区临界流量，并通过流域地貌及面积信息等换算成相应时段的设计暴雨值。

③确定响应时间：结合特征流量出现时间的计算结果，以及山区河流流域的几何特征、下垫面特征等，计算降雨雨峰出现时间、洪峰出现时间、响应时间等。

④阈值计算以及应急阈值：根据响应时间以及临界雨量要素计算得到截至时刻，向前倒推求得时段累计雨量、降雨强度、场次降雨量、降雨驱动指标等，进一步分析各时段以及洪峰历史降雨强度，场次累计降雨与降雨驱动指标的关系，得到警觉性、准备撤离以及即刻撤退的对应预警阈值。

2）山洪预警

山洪预警包括警觉性、警戒性以及紧急性预警，分别对应黄色、橙色和红色预警等级，预警指标通常包括雨量预警和水位预警两类。

（1）雨量预警

降雨是形成洪涝灾害的直接原因之一，在喀斯特山区，引发洪涝灾害的主要原因是短时强降雨，也存在部分的降雨时间长、强度相对较小的降雨，山区的蓄水能力较弱，且由于特殊的地形地貌一般将大于 50 mm 的日降雨量或大于 150 mm 的三日累计降雨量定义为一次暴雨洪涝灾害。因此山区洪涝灾害的预警指标主要包括降雨强度、降雨时长、累计降雨量以及前期降雨要素等。

（2）水位预警

水位预警主要是针对对下游有威胁的流域水位进行的监测预警,通常选取受威胁对象上游水库以及河道等具有代表性的地点作为预警的水位指标。

3）洪涝灾害预报

①通过以上预测与预警阈值的确定,根据对实时雨量、水位等数据的监测结果,具体设施包括雨量站、水位站、气象台站、雷达等,准确反映监测区的变化情况,实时掌握有效的气象水文信息。

②数据处理分析。对应收集的资料,提炼出有效的关键信息,通过分析信息处理、预警阈值分析、灾害模拟、风险评估等及时发布高质量和时效性预报信息。

③信息发布。通常情况下,信息发布渠道包括广播、手机、电视台等,同时对应预警级别高的地区,还应及时向各级部门发布预报,提升准确预报的有效性。

# 4.3  喀斯特山区干旱灾害综合防灾减灾举措

## 4.3.1  灾害风险评估及区划举措

干旱灾害风险评估和区划是防旱减灾中非工程性措施的重要组成部分,科学评估干旱灾害风险、采取正确的防灾措施对减轻灾害及提高经济和社会效益具有极为重要的意义,同时也有利于抗旱工作由被动防旱向主动防旱转变。

（1）评估因子选取

①碳酸盐岩岩性及岩溶发育因子:由于地层岩性不同,岩层的岩溶发育程度也不尽相同,石灰岩地区的溶蚀结构以面状溶蚀和机械冲刷为主,其溶蚀规模较大,溶蚀管道裂隙较宽;白云岩主要为碳酸钙镁,溶解度相对较低,使得其溶蚀多为弥散性,溶蚀结果的孔洞和裂隙为主。

②地形地貌因子:不同的地貌对喀斯特地区的干旱影响大不相同,同时也对地下水的埋深影响较大。

③地表水文网因子:水文网密度越大,开发条件越好;反之越差。河流切割越深,与人口在空间上的联系越差,开发条件越不好。

④地下水埋藏因子:地下水的埋深直接影响水资源的开发难度,同时,水资源的埋藏赋存状态差异较大,对其开发利用的方式也不同。

⑤石漠化程度因子:石漠化是缺水的宏观表现,是缺水、少土、土地贫瘠的综合体现。

干旱灾害风险因子如表4.2所示。

表 4.2　干旱灾害风险因子

| 评价因子 | 权重赋值 | | |
|---|---|---|---|
| | 5 | 3 | 1 |
| Y:岩性及岩溶发育程度 | 石灰岩、岩溶发育 | 白云质灰岩、岩溶一般发育 | 白云岩、岩溶不发育 |
| S1:地表水文网 | 峰丛洼地 | 峰丛洼地、峰林谷地 | 溶丘盆地、槽谷 |
| D:地形地貌 | 不发育 | 较发育 | 发育 |
| S2:地下水埋深/m | >100 | 50~100 | <50 |
| Z:石漠化程度 | 重度-中度 | 中度-轻度 | 轻度-未石漠化 |

（2）评估模型

易旱评估公式：

$$Y_g = f(Y, D, S_1, S_2, Z)$$

式中：$Y_g$ 为易旱系数，当 $Y_g$ 大于 20 时，为重度易旱地区；当 $Y_g$ 为 10~20 时，为易中重度干旱区；当 $Y_g$ 小于 10 时，为不易轻度干旱区。

（3）易旱程度分区

通过以上公式模型计算，在不考虑极端气候条件下，可以划分出三个重度易旱区和三个易中重度干旱区及两个易轻度干旱区。

### 4.3.2　干旱灾害工程治理举措

1）小流域的综合治理

受地形地貌的控制，岩溶区多分为具有独立功能的小流域单元，通过对区内小流域的治理，以水土保持为核心，以蓄水、治土、造林和水利设施建设为手段，进行小流域的综合治理防护，形成喀斯特山区的特色防洪防旱建设。主要的治理手段包括：

①综合防护林体系建设：对坡度大于 25° 以及在 15°~25° 的主要蓄水保水坡耕地进行退耕还林，植树造林工程，利用坡面发展不同的经济树种、林木，既可以实现水土涵养林的建设又可以增加居民的经济收入。

②基本农田防护体系建设：对坡度在 15°~25° 的耕地进行梯田化改造，通过砌石或筑篱笆进行墙保土。

③农林牧等复合型立体生产体系的建立：通过对山区生产结构的调整，实现"山戴帽、果缠腰、脚种田"的立体式农业结构，实现水土保持和提高农村经济收入相结合。

④草地畜牧业模式：贵州省喀斯特地区的气候适合牧草生长，为畜牧业的发展提供了基础条件，对人口密度小、草地面积大的地区，进行生态畜牧业发展，以草畜牧，以畜养农，并逐步发展畜牧业深加工，以畜牧业代替分散式的农林牧业，短期可以保持水土，长期可发展林业资源。

⑤生态移民模式：对于石漠化严重地区，水资源和土地资源不足，在原本就脆弱的生态环境上进行农业活动，不仅效益不高，而且会对自然环境造成极大的破坏，对该类地区进行

生态移民,一方面可以进行集中化的城镇建设,通过异地开发,改善石漠区人口贫困状况,促进社区经济和自然的协调发展;另一方面可以对生态环境通过人工手段进行恢复,减少人为破坏,使生态系统得以恢复,从而实现山区减灾防灾的目的。

2)水利水保体系建设

水资源是社会发展的必要条件,通过"开源""截流"并重的方式,采取先进的灌溉设施及技术,对病险水库进行治理,对地表"三小"(小山塘、小水池、小水窖)工程进行建设,并联合助力解决石漠化地区的用水难问题。通过蓄水工程建设,配置相应的拦水坝、排水沟等工程,以满足山区、石漠区的人畜饮水和灌溉用水需求。

(1)地下河开发工程及地下水开发利用

贵州省喀斯特地区地下水资源丰富,通过科学合理的开发利用可以有效地缓解极端干旱气候下的灾害损失,在查明地下水的地质条件和开发利用条件后,通过"堵""蓄""引""堤"等工程手段进行地下水的开发利用。如贵州省普定县的马官水库,通过地表水库与地下河的联合开发,以地下河作为当下储存体,采取堵裂隙、堵河体、引山水等措施,有效解决附近地区的生活用水和农业用水问题,如图 4.4 所示。近年来的各项组合工程措施,对贵州省的地下水开发利用起到了示范作用,水利部门同时也在省内实施了一定数量的地下河开发工程,建成了多个人畜饮水工程,多地的企业也建成了为城市供水的自来水厂。

图 4.4    地下河及水库的联合开发工程示意图

(2)旱期地下水的机井开发利用

通过机井开发地下水以解决岩溶地区的缺水问题在贵州省是重要且有效的手段,从 2007 年开始贵州省就启动了农村饮水安全工程,对严重缺水的山区进行地下水的调查和开发工作,取得了显著的效果,为广大农村地区的人畜饮水和农业灌溉提供了优质的水资源,并且对应对极端干旱灾害起到了重要的作用,如 2010 年,地勘单位及地质技术人员通过勘探和开发,年度开井 240 口,成井 196 口,直接解决了 86 万人民、24 万头牲畜的饮用水问题及农业灌溉用水问题;2011 年,全省投入 100 台套设备,开井 674 口,成井 540 口,通过日涌10 万余 m³ 地下水资源,极大地缓解了旱情灾情。

(3)地表水的蓄存

地表水资源易于流失是喀斯特山区缺水的主要原因之一,表层滞水一般流量小,动态变化大,由此将表层水的开发利用与小山塘、小水窖相结合,作为临时蓄水空间,是调节旱季用水不足问题最有效也是最成功的方式之一。对于地表水的小流量、不稳定等特性,大型地表水的开发利用需与一定的工程相结合,选择常年出水的泉口,通过工程手段进行改造,使其具有较强的蓄水和保水能力,以调节枯季雨季水量,缓解旱季用水和雨季蓄水问题。

### 4.3.3　气象防控及防控预案建设

气候条件是引发干旱的首要因素,加强气象信息分发服务系统建设,加强与相关部门合作,不断提高气象灾害预警信息分发服务能力,提前预知旱灾信息,为预防可能发生的重大旱灾损失早做准备,树立"与其临危不惧,不如预先防范"的防灾理念,将职责重心前移到对灾害的预防上。

相较于发达国家,我国的应急法治建设还相对滞后,不健全的应急法律法规体系建设,未明确规定防灾规划、防灾组织体系、预防与应急准备、监测预警、应急处置救援、事后恢复重建等的法律责任。

应当在突发公共事件统领下建立总体应急预案,形成省—地(市)—县—乡(镇)不同层级的部门预案、大型活动临时预案、专项预案及其他预案相结合的应急预案体系,使灾情应对可以正确从容。

### 4.3.4　旱灾救助措施及恢复重建

干旱作为一种自然灾害不可避免,目前来看,多数是通过灾前的预测预防、灾中的及时救援和灾后的救援措施来降低干旱损失。

应急救援行动伴随干旱灾害的始终,救援主体包括政府、人民解放军、非政府组织及当地灾民等。救援对象包括人民的生命与财产、已损坏甚至可能发生损坏的公共设施。救助措施主要包括:

①农业部门的农技专家指导农民进行农业结构调整,抢收和改种农作物;住建部门建设安置房,为受灾居民提供临时住所等。

②交通部门开设绿色通道,为抗旱救灾物资运输车辆提供条件;供水部门强化用水管制,首先保障人畜饮水安全;林业部门科学、及时地布设防火带,防止山火的发生和蔓延;气象部门开展人工降雨工作,降低灾害的影响等。

③灾民基本生活的处理工作由民政部门安置;水利部门负责病险水库的维修与加固;矿勘和国土部门负责水源勘测、打机井等;粮食部门做好受灾民众粮食的供应;民兵与解放军负责配送灾区物资;石化与电力公司保证灾区用油与用电的优先供应等。

④各级党委、团委、慈善总会和红十字会紧急动员社会力量为灾区捐赠;物资储备部门做好抗灾救灾物资、设备和工具的储备、发放工作等。

⑤工商部门稳定物价,整顿灾区市场;公安部门打击灾情中的违法犯罪活动,保障灾区社会秩序及稳定。

现代的应急管理中,恢复重建是始于灾害前而不是始于灾后,并时刻伴随应急救援行动中,虽然灾害已对公众和社会造成了相应的负面影响,但有效地开展恢复重建工作也能带来

巨大的收益,化危为机。其工作重心表现为重建、调整、变革各种机制。主要的恢复重建工作包括:

①救援灾民;评估基础设施的损毁;调查水利工程设施;核查救助。

②水利水电恢复规划的编制;恢复重建工作计划的编制。

③做好灾后群众生活救济工作,分发捐赠物资,给灾民提供低息或免息贷款,解决灾害性失业问题。

④建立完善的应急管理制度;成立综合性应急救援总队,预案演习,规章制度与政府调整,技能业务培训等。

⑤保障治安,对灾中恶意竞争、破坏社会秩序的行为依法追究,同时表彰先进落实责任制,表征优秀抗灾救灾组织机构,营造良好的社会风气。

# 4.4　喀斯特山区低温凝冻灾害综合防灾减灾举措

## 4.4.1　贵州省地区凝冻灾害区划

为客观评价贵州省凝冻灾害的危害程度,参照《中华人民共和国气象法》《中国气象局重大气象灾害预警应急预案》和《贵州省重大突发性自然灾害救助应急预案》等法律法规的有关要求,在引用和参考《中华人民共和国气象行业标准》的基础上,结合贵州省实际,制定了《贵州省凝冻灾害气象等级标准》(DB 52/T 652—2010)。该标准对凝冻及相关概念进行了定义,规定了单站(县级)凝冻灾害等级标准、区域(省级)凝冻灾害等级标准、年度凝冻灾害等级标准,适用于在贵州省内开展监测、预估、评价、发布凝冻灾害的程度、范围等。

贵州省凝冻灾害多年平均最长连续日数分布如图4.5所示,图中蓝色区域为凝冻最长持续日数的30年平均值介于0~2 d的区域,即这些区域无凝冻灾害发生;持续最长日数达到重级的区域集中在威宁、钟山、纳雍、大方、黔西、开阳、余庆、绥阳、三穗、台江、平坝、普安等地;其他区域的凝冻最长持续日期介于4~6级,等级为中级。

根据《贵州省凝冻灾害气象等级标准》,区域(省级)凝冻过程的定义为:全省同时段有8个以上(含8个)县(区)出现单站(县级)凝冻过程则为一次区域性凝冻过程。对贵州省区域(省级)凝冻过程特征及其分型进行应用。

1981—2013年贵州省冬季63个区域凝冻过程中,各站凝冻过程频率的空间分布如图4.6(a)所示,可以看出,贵州中部一线冬季较易发生区域凝冻过程,大方(96.8%)、威宁(92.0%)、丹寨(90.5%)、开阳(90.5%)、万山(87.3%)和麻江(81.0%)的频率达到了80%以上,其中开阳、丹寨、威宁和大方达90%以上,其余的大部地区凝冻过程发生频率低于30%。结合1981—2013年贵州省冬季各站在区域凝冻过程中的平均持续凝冻时间空间分布[图4.6(b)],发现贵州省冬季凝冻发生频率较高(70%以上)的中部区域,平均持续凝冻时间多在6~8 d;铜仁北部、遵义北部、黔东南南部与黔南东南部凝冻持续时间平均在 3~5 d,凝冻过程持续时间较短且发生频率较低(30%以下),表明该区域属于较轻凝冻灾害地区;而在发生频率同样较低的安顺西部、东南部一线与黔南州的西南部接壤区域,凝冻持续的平均时间可达 9~12 d,表明该区域虽发生频率较低,但一旦发生区域凝冻,则持续时间长,灾害程度最严重。

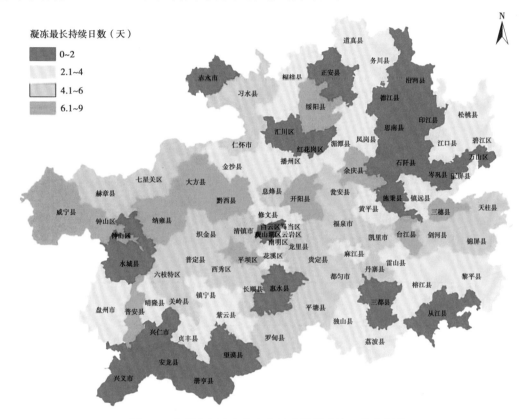

**图 4.5　贵州省凝冻灾害多年平均最长连续日数分布图**

在 1983—2013 年贵州省冬季的区域凝冻过程中,进行各站凝冻日数聚类分型,把贵州省 84 站的凝冻过程中的凝冻日数作为研究对象,区域凝冻过程结果可分为五类、四类、三类和二类(图 4.7)。结果表明,贵州省中部一线在五类分型中,大方、威宁、麻江、开阳、瓮安、万山和丹寨分为一类,记为Ⅰ区(7 站,占 8.2%);六盘水北部、毕节东部、兴义北部、遵义西部和安顺西北部区域分为一类,记为Ⅱ区(8 站,占 9.4%);贵阳中部、毕节东部和黔南州东南部部分区域分为一类,记为Ⅲ区(7 站,占 8.2%);贵阳南部和北部、黔东南州中部区域和黔南州北部分为一类,记为Ⅳ区(12 站,占 14.1%);其余区域分为一类,记为Ⅴ区(50 站,占 60.0%)。

在四类分型中Ⅳ区和Ⅲ区合并;在三类分型中Ⅴ区、Ⅳ区和Ⅲ区合并;在二类分型中Ⅴ区、Ⅳ区、Ⅲ区和Ⅱ区合并。表明Ⅴ区、Ⅳ区、Ⅲ区和Ⅱ区的相关性较好,独立性最强的是Ⅰ区。被先聚类在一起的区域,关系较密切,相似性较强。对于评价指标来说,处在同一个子评价层中,如果具有同一性的聚类结果,可考虑去除其中之一,将两区域合并;对不在同一个子评价层中的区域,聚类在一起,也具有相关性属性,但不可互相替代。据上述分析,将贵州省冬季 84 站凝冻过程中,凝冻日数聚类分型为四类,如图4.7(b)所示,即冬季四类凝冻日数区划,I区划为特重凝冻区、II区划为重凝冻区、III区和IV区合并划为中凝冻区、V区划为轻凝冻区。

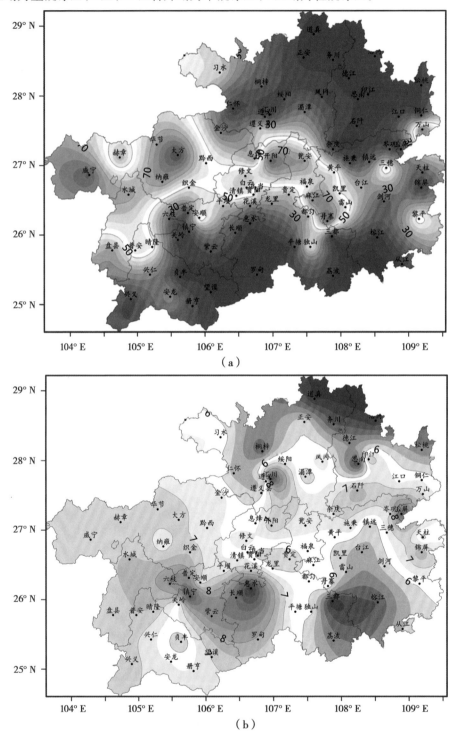

图4.6 1983—2013年贵州省冬季63个区域凝冻过程中各站凝冻过程频率[(a),单位:%]
及平均持续时间[(b),单位:天]的空间分布

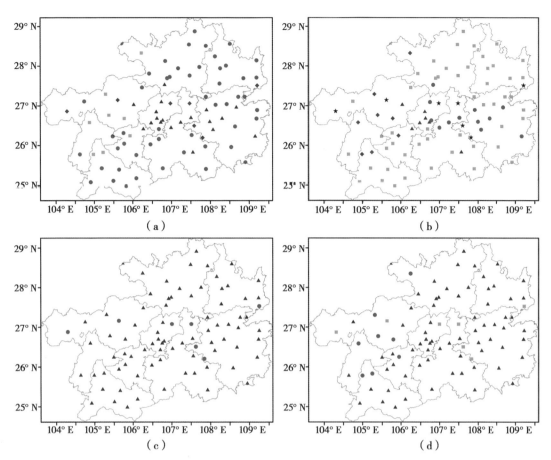

图 4.7　1983—2013 年贵州省冬季区域凝冻过程中各站凝冻日数聚类分型的空间分布：
五类分型（a）、四类分型（b）、三类分型（c）和二类分型（d）

### 4.4.2　凝冻灾害防灾减灾机制

　　凝冻灾害的出现，将引起一系列的连锁反应，有关部门要适时、合理地介入干预。在致灾因子上，政府要建立起监测预警机制，以保证对致灾因子走向与发展有进一步的了解，从而制定有针对性的政策。对生命线工程系统要建立安全的设防机制，在建设时就规划好生命线工程，要求抗打击力比较强，建设规格高，同时，生命线工程在失去功能后专家技术人员能够快速地恢复其应有功能，尽量减少灾害带来的负面影响。生命线工程崩溃失去功能之后，将会极大地影响公众基本的日常生活，这时候则要求物资储备系统能暂时代替生命线工程的地位。生命线工程崩溃，公众可能处于不稳定的心理状态，这时则要建立恰当的心理疏导机制，提升公众信心，共同抵御灾害。灾害发生后，若应灾管理不恰当或不及时，可能引发社会问题，如囤积物资、抢购物资，甚至偷盗抢劫等，这时就要有强力的管理机制，严格地控制公众的不良社会行为，设置"高压线"。只有建立严格的管控机制，才能在灾害危机中较好地维持良好的社会秩序。除监测预警、储备救济、安全设防、心理疏导及强力管理机制之外，还需有调度处置机制，对以上机制进行合理协调。

1)低温凝冻灾害监测、预报与预警举措

政府要建立监测预警体系(图4.8),保证及时了解灾害的进一步走向与发展,以此为基础才能制定比较有针对性的政策。在凝冻灾害期间,天气信息的收集、加工是凝冻监测与预警机制的首要环节。需建立的监测预警系统包括:①凝冻天气监测与预警的信息采集系统;②凝冻天气监测与预警的信息分析系统;③凝冻天气监测与预警的信息发布系统。

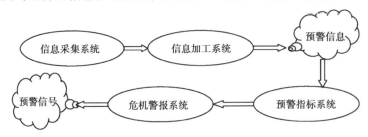

**图 4.8　灾害监测—预警系统示意**

(1)凝冻天气监测与预警的信息采集系统

低温凝冻期间,要综合运用波段雷达、检测箱、探空仪等高空探测仪器,利用降水、风速、风向传感器和多普勒雷达对天气进行严密的跟踪监测,在自动气象数据记录基础上,增加人工补测的数据,增加观测频次,全面、动态且广泛地收集气象数据信息,重点捕捉携带重要气象信息的数据。计算机网络维护制度和定时巡查制度的高效运行,以确保准确、及时地接收卫星资料,全面掌握最新的气象数据资料。需增加对交通枢纽、偏远地区等的地面监测,以确保对凝冻天气的全面监测,如有必要还应增设临时监测点。

另外,要加大资金投入力度,有序推进气象部门监测采集设备的更新换代,便于气象服务人员及时获取准确率较高的气象灾害信息资料。

(2)凝冻天气监测与预警的信息分析系统

在实时、全面地采集和存储气象信息的基础上,掌握专业知识和信息处理经验的气象专业人员,用其加强对卫星云图等资料的整理、处理、甄别、转化、去伪存真,确保信息及时、真实、有效。加强天气形势及气候背景的诊断、分析及预测;强化对大雪、寒潮、低温、大雾、冻害、连阴雨雪等灾害性、转折性天气的动态分析、中短期预报和短时临近预报,通过卫星接收站,收看中央台预报,利用气象业务平台,进行积极的气象会商,交换预警及预报意见,获取相关技术支持和指导,以及时提供有效、准确和有针对性的气象服务,第一时间向相关部门和社会公众发布、传递预警信号。

(3)凝冻天气监测与预警的信息发布系统

以贵州省国家突发事件预警信息发布系统为平台,充分发挥其效能。灾害期间可通过网络平台等渠道向社会公众和决策部门发送预警信息,从而使公众能够未雨绸缪、事前防范,也使决策部门做出有针对性的行动,指导公众有效规避由此带来的灾难性事故,以最大限度减少灾害造成的损失。

2）安全设防机制

生命线工程在建设时要科学规划,精心设计,工程质量要达到一定的标准,这才是预防和减少因自然灾害导致损失的根本所在。

①通过立法来规范生命线工程的规划与施工,加强工程性防御措施。

在生命线工程的建设中,要严格标准,精心施工,科学管理,确保质量,提高生命线工程的抗灾能力。

②加强对生命线工程系统的监测,及时发现隐患,及时加以排除,降低生命线工程系统在灾害发生后的脆弱性。

生命线工程系统要时时加以维护,这是非常重要的,比如有些管道系统,本来就存在一些问题,等到灾害发生后,这些小问题演化成了大问题,严重地影响了生命线工程正常功能的发挥。

3）物资储备机制

在致灾因子出现后,生命线工程系统失去功能,这个时候如果有一个物资储备系统,暂时承担起生命线工程的功能,就能推迟公众的心理观念和社会行为紊乱的发生,进一步为生命线工程系统的恢复与重建争取一个缓冲的时间。需要储备粮食、食油、蔬菜等食品,汽油、煤炭、天然气等能源,以及基本药品、饮用水等(图 4.9),这些储备物资能否满足公众的基本生活需要,是物资储备系统建设是否成功的评价标准。

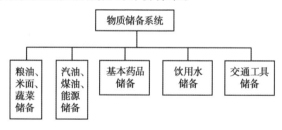

图 4.9　物资储备系统构成

物质储备要采用个人储备、社会储备和政府专储相结合的办法来解决储备经费严重不足的问题。个人储备是基础(生活必需品等),社会储备是主导(大宗商品等),政府专储是补充(平时不用的专用物品)。

要建立物资储备常态化机制,在关键时刻充分发挥其效能,以暂时替代生命线工程的功能,为防灾救灾争取时间。

4）心理疏导机制

心理疏导机制是指在危机发生后,政府通过媒体,将灾情的具体状况和有关部门的应急措施向公众讲述清楚,消除公众恐惧不安的情绪,增强其对灾害的认识,进而引导其配合减灾和恢复重建工作的一项基本的制度。

面对危机,公众的消极情绪明显增强,因此从社会总体的角度疏导公众的不良情绪,有利于公众正确地面对危机,保持社会的稳定。公众总体消极情绪的疏导离不开政府的引导、信息沟通渠道的畅通和相关机制的建设。可通过如下途径开展公众心理疏导：

（1）尽量提供准确、真实与全面的信息

应急管理部门要做到畅通交流渠道，疏导不良情绪。首先，要建立危机信息披露机制，政府要逐级向上如实汇报情况，准确、及时掌握灾情。同时，也应该在合适的时候通过官方媒体如实地向公众发布信息，使公众与政府之间有效互动。其次，要建立政府与媒体之间良好的信息协作，要凸显媒体在危机管理中的作用与地位，及时让媒体发布公众需要的信息，力求在舆论焦点上塑造政府在危机管理中的良好形象。再次，要完善新闻发布会制度，新闻发布会是政府危机管理中一种传播信息的有效方式，政府通过媒体告知公众有关危机事件的起因、后果以及政府的应对措施、工作进展，以避免民众的恐慌，争取民众对政府的理解、支持和配合。

（2）建立心理社会帮助系统

加强专业的心理救助队伍建设，并在此基础上建立灾后心理干预与创伤治疗的网络。

（3）建立公众心理反应监控和信息反馈系统

大灾往往会对灾民造成心理创伤，及时、准确地把握灾民的心理反应，可避免负面情况的发生，因此建设一个公众心理反应监控与信息反馈系统十分必要，它能为心理干预提供及时、有效的依据，以避免不利局面的发生。

（4）建设高素质专业人才队伍

建设一支专业知识扎实、业务水平过硬的队伍应成为专业人才队伍建设的目标，这样一支队伍才能够更好地对灾民实施更有效的心理干预。

5）强力管理机制

针对灾情中出现的社会秩序混乱、威胁和破坏社会稳定的情况，应采取强力管制的手段加以干预。可采取如下办法：

（1）关于紧急状态情况下的立法

现在是依法治国的时代，任何政策的出台和实施，都要有法律依据。因此在平时把法律制定完备，在紧急状态下才能够依法行政，对哄抬物价等行为进行打击。参照《中华人民共和国突发事件应对法》，各级政府要制订符合本地区实际的实施方案。

（2）设置预案

针对可能发生的危机，政府管理系统要制订各种应对预案，当社会行为系统陷入崩溃、失去功能之后，要启动相应的预案，对公众的社会行为进行强有力的管理。

（3）法规和预案的有效执行

平时要通过各种形式加强对法规与预案的宣传，让公众了解这些法规和预案，灾害发生时，能够有效地应对。对少数不执行紧急状态法规和预案的部门或个人，严格按照有关法规问责，使其承担责任。

6）调度处置机制

调度处置机制是指在致灾因子发生变化后，管理系统能够搜集信息、进行决策、出台措施,并进行有效应对的一套完整的制度体系,包括综合调度系统和专业处置系统。

（1）综合调度系统

综合调度系统是指对与危机处置有关的政府机关或部门（公安、武警、消防、医院急救、教育、交警、财政、电力、媒体、水利、市政管理、民防、气象、地震、环保等）和相关资源（专业救治队伍、车辆、信息指令、物资人员等）等统一调度的平台,力求实现对危机的有效干预。

（2）专业处置系统

危机处理具有危险系数高、时间紧迫等特点,需要专门人员和专门设备进行处置,并非一般人能够胜任,比如针对急性传染性（具体如2020年突发的新冠肺炎疫情）。如果处置人员配置不合理,可能出现"帮倒忙"的情况,这充分凸显了建立专业处置系统的重要性。

### 4.4.3 农业低温凝冻灾害的应对措施

1）增强农业天气预报预测能力

结合各地区农业生产以及当地农业气象灾害实际情况,逐步建立健全贵州省各级气象部门自动气象站、区域自动气象站、农田小气候监测站;加强农业天气预报预测能力建设,尤其是在关键农事活动期间,要强化低温冷冻灾害的预报预测工作力度,为农业生产趋利避害提供有效的预报信息。

2）提升农业气象灾害预警信息发布能力

畅通气象灾害预警信息发布渠道,优化信息发布的工作流程。对已建成的农村应急广播系统要加强其正常运行的保障力度;指定气象灾害防御责任人并及时更新信息;着力解决预警信息发布渠道单一、信息发布不及时的状况,基于当下便利的网络条件和大多数人可及的电子及移动设备,丰富气象灾害预警信息发布渠道,不断提升农业气象灾害预警信息发布能力,实现农业气象灾害预警信息全面、快速地传播至各乡镇、村落。此外,应建设一支乡镇气象为农服务队伍,充分发挥其优势,使农户能够及时、快速地获取气象预警信息,有依据地做到提前防范、有效规避,最大限度地降低农业气象灾害所造成的损失。

3）采取针对性防御措施

为减少低温冷冻灾害对农作物的影响,气象为农服务人员可以指导农户选用和培育耐寒、高产农作物品种,选培的农作物应达到一定的耐低温或耐寒指标。①适时栽种,错开冷温期,保证安全培育期;②合理灌水,保温保湿,有利于水稻的生长发育;③合理施肥,增强农作物的抗性。还可以采取覆盖、熏烟、浇灌等措施防御低温冷冻灾害。冷冻灾害与环境有密切的关系,要重视立地环境,因地制宜地种植作物。

## 4.5 喀斯特山区地震灾害综合防灾减灾举措

### 4.5.1 抗震规划与减灾举措

1）城市抗震规划

目前对地震灾害的防灾减灾手段主要有两个方面：一是地震预测预警，二是抗震防灾处置。由于地震成因复杂，发生时间短，地震前期预测预警工作目前还不能有效开展，抗震防灾对策成为提高城市综合防灾减灾能力的有效途径。从根本上看，抗震防灾有两条措施：一是编制、实施城市抗震防灾规划，系统、有效地提升城市在出现灾害时的防灾能力和应急救灾能力，实现城市防灾资源的合理优化布局、人力资源的有效利用，提高城市整体的应对能力；二是提高单体工程的抗灾能力，合理选定抗震设计、结构优化等抗震工程措施。

城市抗震规划编制主要包括以下几个方面：

①抗震设防水准和防御目标。

②城市总体布局的抗震。

③工程抗震土地利用评价。

④城区建筑的抗震防灾要求。

⑤基础设施规划布局要求。

⑥次生灾害防御要求。

⑦避震疏散场所建设要求。

⑧城市规划信息管理系统要求。

上述八个方面应满足《城市抗震防灾规划标准》（GB 50413—2007）及《建筑工程抗震设防分类标准》（GB 50223—2008）的相关要求。

防灾减灾工作从灾害应对的阶段可划分为灾前、灾时和灾后。灾前要合理设计抗震防灾规划和严格工程抗震设防标准，切实增强城市抵御地震发生时的抗震能力。灾时和灾后阶段，通过抗震减灾规划所制订的防灾空间布局和防灾避难规划等的实施，为充分发挥城市抗震能力、降低灾害

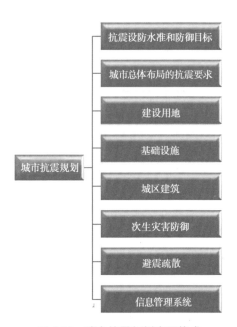

图4.10 城市抗震规划主要构成

损失，可借助临震预警、紧急处置、应急响应和抢险救灾等手段实现。以避难疏散场所为依托开展灾后恢复重建。基于工程抗震设防措施设计城市抗震防灾规划，通过优化城市布局、合理配置建设用地功能、强化工程设施及防灾减灾基础设施等手段，做出合理的城市抗震防灾规划。城市抗震规划主要构成如图4.10所示。

2）农村防震减灾举措

农村地震灾害防治工作要结合实际贯彻城市地震防灾有益举措，加强农村地震灾害管理。农村灾害管理需综合防灾减灾所制订的一系列组织、规划、协调、干预、立法和农业工程技术活动，使其贯穿农村防灾活动的全过程，成为农村防灾减灾行为的借鉴和框架。首先要依据相关规定建立健全农村灾害管理机构，深入挖掘管理机构的协调职能；其次，完善农村灾害管理的法律法规及规划安排，强化农村灾害管理的制度保障；再次，增强农村灾害管理的监督、奖惩、协调、教育机制，完善农村灾害管理体制；最后，协调推动单项灾害管理向综合、系统的农村灾害管理模式发展，不断增强农村灾害管理的能力与水平。农村地震防灾减灾工作应围绕以下方面展开：

①为村民提供村镇场地评价，帮助实现农村民居场址合理选址。增强村民对农村民居建设中关于局部场地条件、地震活动背景、地震灾害风险水平、抗震设防参数、地震动放大效应等的了解。根据区域地质环境背景、民居场址工程地质条件，基于地震背景、场地特征、局部场地条件影响，给出工程不利场地与潜在地质灾害分区评价，绘制相关区域场地灾害区划图，提出合理的场址选择与场地抗震设防工程措施建议。

②为农村民居震害评价提供参考依据，应主要包括抗震能力评价、村镇建设抗震减灾设计、抗震设防措施建议等。

③为农村民居震害防御提供技术咨询，提高村民地震灾害防御意识，增强农村民居抵御地震灾害的能力。

④为社会公众提供信息服务，向公众宣传震害防御知识，使防震减灾意识深入人心，防灾技能全面提升，自救互救能力不断增强。

3）避难场所建设

科学合理的城市避震疏散场所设定是灾时减少人员伤亡、维护社会秩序的有效手段。城市避震疏散场所设定的核心价值就是保障人员的安全，减少人员伤亡的同时提供抢险救灾与恢复重建的基地场所。因此对城市避震疏散场所的设定提出两个方面的要求：一是避难疏散场所的安全要求；二是避难疏散场所规划建设指标的要求。避难疏散场所通常分为三级：紧急避难疏散场所、固定避难疏散场所和中心避难疏散场所。

避难场所的规划建设要满足对地质环境、自然环境、人工环境、抗震、防火等的安全要求，避难基本设施的设置要符合各规范的安全要求，《城市抗震防灾规划标准》（GB 50413—2007）、《地震应急避难场所场址及配套设施》（GB 21734—2008）、《防灾避难场所设计规范》（GB 51143—2015）、《城市社区应急避难场所建设标准》（建标〔2017〕25号）等规范对避难场所的建设做出了相关规定。避难场所作为灾后人员的避难安全场地，在选取可以评价社区避难场所效能的指标时要考虑多方面因素，具体包括：避难场所的安全；避难场所的有效面积；避难场所的可通达性；防灾标识设置的合理性；应急设备的完备程度。为评价既有城市社区避难所的服务能力,相应指标体系结构如图4.11所示。在《防灾避难场所设计规范》中对各指标做了相应规定。

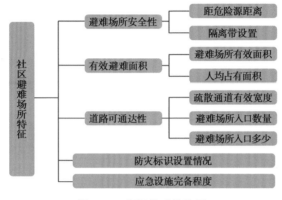

图4.11　指标体系结构图

## 4.5.2　震后应急救援及重建

决策者应根据灾区的灾情状况,及时作出灾区的震后应急救援及重建决策,采取合理、有效措施防止灾情的进一步恶化,使灾区恶劣灾情状况在较短时间内得以扭转。因此,准确、及时掌握灾区人员伤亡、经济损失、基础设施破坏、建筑物破坏、社会影响等灾情状况是决策者制订震后应急救援决策的依据和标准。不同于城市灾区,村镇灾区的孕灾环境、承灾体以及承灾水平等与城市灾区差异明显,将导致较大差别的灾情状况,故对于不同的对象,震后应急救援及重建应采取不同的措施。

在重大地震灾害后,村镇地区极易遭受严重破坏,由于村镇本就脆弱的承灾体环境,往往导致震后毁损严重,在恢复重建时,需要综合考量各方面因素,包括经济、人口、基础设施、房屋建筑物等,进行重新的全面规划和建设;对于城市,震后则要尽快恢复市民的生产生活秩序,尽快使基础设施、建筑物等的功能恢复正常运转。因此,针对震后两者间的差异,恢复重建工作也应体现出差异(表4.3)。

表4.3　村镇与城市震后恢复重建差异分析

| 重建决策差异 | 村　　镇 | 城　　市 |
|---|---|---|
| 物质建设 | 村镇震后物质重建的重点是建筑物及基础设施的恢复重建,建筑物和基础设施在规划、设计和重建时应达到符合国家标准的抗震级别,基础设施方面重点关注其可达性和外部效应,交通道路系统重建形成网络链接 | 城市建设起步早,人口、用地规模远大于村镇,工业化基础稳固,功能分区明确,对城市的物质重建应重点关注生态环境、资源的恢复与保护。生活基础设施重建分区集中布置,便于城市进一步发挥规模效应 |

| 重建决策差异 | 村 镇 | 城 市 |
|---|---|---|
| 社会建设 | 村镇地区特别是经济欠发达地区的村镇社会,其社会重建应以地缘关系和乡土意识作为重建社会认同的基础;对村镇震后的人口恢复应依据受灾村镇人口平均增长率来衡量 | 城市的社会关系以复杂的劳动分工为基础,城市的社会重建应以不同经济文化背景的社会群体为基础;城市人口多为流动人口,对城市人口的恢复应依据人口流动量来衡量 |
| 经济重建 | 多数村镇经济地位从属于城市,对其进行经济重建时应依托广阔的农村市场,通过上级或中央政府扶持,发展地方特色经济为主 | 对城市经济的重建应建立在以往较适合的产业布局和较大的产业规模基础上,受地震灾害影响较大的产业应予以转移 |

应急救援工作应由单一依靠政府,逐步转变为政府领导与社会、民间救援机构、团体,以及村镇灾民自救互助相结合。各方力量要协调一致,互相配合,使救灾工作井然有序,这有助于提高全省震后应急救援决策效率与决策水平。

## 4.6 喀斯特山区火灾综合防灾减灾举措

### 4.6.1 建筑防火设计

1)防火设计的目的及理念

(1)防火设计目的

①防止火灾延烧、火灾蔓延扩大。

②增强疏散安全性能。

③增强消防活动支援性能。

(2)防火设计理念

①自动喷水灭火技术不断完善。

②防烟、排烟的理论和技术日趋合理。

③火灾的探测与控制技术更加先进、周密。

④各类防火措施的综合设计,加强了建筑防火的能力。

2)建筑防火设计的主要内容

建筑中的火灾发展主要被三个因素影响:可燃体的性质及分布;可燃体的热能参数;可燃氧气状况、通风状况。

（1）总平面布局和平面布置

城市中新建建筑物与周围环境的关系应被考虑在首位。为了防止火灾的形成和蔓延，应按照防火规范要求的最小防火间距，确保各栋建筑间的安全距离，同时该建筑的耐火等级应按照建筑面积、使用性能、高度等确定。为了保证建筑出现某一局部火灾后，不能在全楼迅速蔓延，防止烟气在建筑内的快速流动，应对大于规定面积的建筑物划出防烟和防火分区，每个分区之间的分隔物应具有相应的防烟、防火功能。

（2）设立火灾自动报警

在现代化建筑中，基本都配设有自动化的火灾报警系统。相较于传统的只有单一的传送火灾信号的功能探测器，现代化、科学化的智能型复合探头更加可靠、高效。且使用具有智能火灾探测系统，可实现火灾从探测、判断、自动灭火、防火分隔、引导疏散、指挥救援等全步骤计算机智能处理。

（3）消火栓系统和自动灭火系统

消火栓系统应在几乎所有的工业建筑和公共建筑中设立。而根据建筑的特征不同，自动灭火系统亦有所不同。自动灭火系统包括水幕、喷水、泡沫、卤代烷、二氧化碳等几种形式。在设计建筑物时，针对不同的对象，应选用不同的灭火系统。该系统设计时除计算水量、管网之外，还应考虑合适的产品。

（4）设立防、排烟系统

某些建筑应考虑设置防烟、排烟系统。该系统利用自然和机械作用，将外部的新鲜空气和火灾中的烟雾有机地调运，以减少受困和救援人员受烟气的危害，保证灭火操作和安全的疏散。该系统的重点是保证前室部位及防烟楼梯间的安全。确定该系统的走向路线后，适当地选定合适的阀门、风机及管道系统。

（5）电气防火设计

在功能较复杂的多层民用建筑和高层民用建筑中，完备的电气防火设计可有效地避免电气事故火灾的发生，同时，一旦发生火灾，能保障建筑物内各类消防用电设备持续、可靠地运行，有效、及时地疏散被困人员，快速控制火势的蔓延。近年来，随着高层建筑越来越复杂的结构和功能，建筑物的用电装置和设备也越来越多，使得电气防火设计的内容要求更高。

（6）计算避难出口，设计避难通道

避难路线分垂直段和水平段两部分。垂直分段疏散路线指的是防火楼梯及消防电梯。防火楼梯设计时，应考虑有足够的通过宽度和防烟，要求无可燃装修和有通向室外的出口，应通过理论计算来确定楼梯和各出口的宽度。另外，在高层建筑中应考虑设立若干个水平段。水平段指同一楼层的人从各个位置到达本层最近出口的距离必须小于规定设计值，并保证有足够的通道宽度且畅通无阻。

（7）建筑材料防火设计

建筑物是用多种建筑材料建造而成的。根据材料在建筑物中的功能，可将其分为结构材料和装修材料两大类。结构材料的基本作用是保证建筑物的结构安全，在建筑物可能遇到的各种应用条件下都应具有一定的强度。装修材料的基本作用是保证建筑物具有良好的使用功能。在考虑保温、隔热、隔音效果的同时,还应当重视所用材料的燃烧性能。

(8)建筑结构防火设计

在火灾中,若要满足人员疏散所需要的时间,结构构件需要具有一定的抗火耐火性能和分隔构件的作用,同时还应具有阻止火势蔓延扩大的作用。因此,结构构件的耐火性直接影响房屋在火灾中的抗塌时间,具有被动防火的作用。研究结构构件的耐火性能是火灾科学研究的基本工作之一。

综上,建筑防火设计是一个系统性工程,既要考虑整个系统的协调性,又必须考虑各个有关部分的特殊性,还需逐步做到整体优化。

### 4.6.2 既有建筑物火灾危险性评估

1)火灾风险评估有关概念

火灾风险评估及评估过程中涉及的相关概念如下。

①火灾风险评估:目标风险对象可能面临的火灾危险、被保护者的脆弱性、风险控制措施的有效性、后果的严重度和上述各因素联合作用下进行消防安全性能评估的过程。

②可接受风险:在当前技术、社会发展及经济条件下,公众及组织所能接受的风险程度。

③消防安全:火灾发生时,可接受风险以下,控制灾害将对人身安全、财产及环境等可能产生的损害。

④火灾隐患:违反消防法律法规的行为,可能引起火灾或火灾发生后造成人员伤亡、财产损失、环境损害的不安全因素。

⑤火灾风险:对潜在火灾的发生概率及火灾事件所产生后果的综合度量。一般可用"火灾风险=概率 X 后果"表达。其中"X"为数学算子,不同的方法中"X"的表达会有所不同。

⑥火灾危险源:可能引起目标遭受火灾影响的所有来源。

⑦火灾风险源:能够对目标发生火灾的概率及其后果产生影响的所有来源。

⑧火灾危险性:在不受外力影响下,火灾后果的严重程度,是强调物质的固有属性。

2)火灾风险接受准则

火灾风险若在不可承受范围,不计成本,必须降低风险;火灾风险若在可容忍范围,则可切实合理地得以降低;火灾风险若在广泛可承受范围,则无须进一步降低风险,但必须进行风险监测。城市火灾风险评估由于其复杂性,容许上、下限的确定比较复杂,在实际应用中,可根据具体城市的经济、社会发展水平确定。

3)防火安全评估

(1)防火安全评估基本原则

保证居住者的生命财产安全是建筑防火设计的目的,必须围绕此中心进行安全评估。

①人员安全疏散原则:要充分考虑被困人员逃生时,烟火及建筑结构失稳倒塌的威胁;

阻止火势在建筑物内的蔓延;安全评估的基础条件之一是防火分隔,多层与高层建筑评估标准应有所区别,高层建筑危险更大。因此,评估时要根据不同情况作出相应调整。

②自动灭火系统优先考虑原则:防止火灾大规模蔓延的关键是早期扑灭。因此,设立火灾自动灭火系统,在安全评估中具有重要地位,应当优先考虑。

（2）火灾安全评估主要考虑的因素

①建筑物的安全等级:在火灾评估计算中要给予它较大的权重。

②城市消防能力:是否存在防火安全组织、公众的相关教育与培训、民间互救消防网络、良好的临时避难区域规划、医疗单位的分布等因素,组成了社会管理能力的框架。

③火灾危险程度:从现实角度,考虑城市燃气管网的构成,存在的易爆生产源量度;从历史角度,考虑曾发生过的火灾类型概率和火灾造成的损失程度;生产生活用的化学物品因火灾转化为毒气的可能性。

4）防火安全评估的方法

（1）逻辑树形网络法

结果或方法通过各层的连续衰减来表现。上一层各算子的中间值或逻辑端口的"是"与"或"来表示每一层的形成。下层单元的整体由"是"表示,是构成上层单元所必需的;"或"表示抉择。

（2）动力逐步逼近法

该方法是一个火势连续发展状态的模型。火情从一个状态转变为另一个状态,是用转变时间和转变概率的分布来表示的。

（3）标注尺寸的方法

这种方法的目的在于证实一基本解答的当量值。该方法包括复杂标注法和简单标注法两类。

（4）安全检查表评估法

安全检查表是一个较为有效的工具,进行安全检查,在于发现潜在危险,督促各项制度、安全法规、标准的实施。安全检查表评估法就是制定安全检查表,依据此表实施火灾危险控制和安全检查。按照火灾安全规范及标准,科学分析可能发生火灾的环境,找出火灾危险源,根据检查表中的项目,以问题清单的形式把找出的火灾危险源制成表,便于火灾安全检查和安全工程管理。安全检查表的设计及实施是火灾安全检查评估法的核心。安全检查表必须包含系统及子系统的全部检查点,主要的潜在危险因素尤其不能忽视,此外,还应从检查点中发现与之相关的其他危险源。

（5）重大危险源评估方法

"易燃、易爆、有毒重大危险源辨识评价技术"是国家"八五"科技攻关专题。在大量的重大爆炸、毒物泄漏中毒、火灾事故资料的基础上进行统计分析,从物质危险性和工艺危险性两方面,分析了重大事故发生的原因及条件等,提出了人员素质、安全管理缺陷和工艺设备三方面的107项评价指标,评价事故的伤亡人数、经济损失、影响范围和应采取的防控措施。

（6）模糊数学评估法

由于安全与危险都是相对模糊的概念,在很多情况下都有不可量化的确切指标。但在火灾风险管理和评估中,又需要将影响火灾风险的各种复杂因素综合起来,给出一个明确的级别,如一级风险、二级风险、三级风险等,并据此分配人力、财力和物力,这就需要将诸多模糊的概念定量化、数字化。在此情况下,应用模糊数学评估法将是一个较好的选择。

（7）火灾风险指数法

火灾风险指数法是进行火灾风险评估常用的方法之一,它包括评估指标体系设计、指标权重计算、建立评估模型等几个方面。

①指标体系设计既是评估中非常重要的基础工作,也是非常具体的核心内容,需要大量的调查研究、深入细致的统计分析。指标体系的科学性直接影响评估的作用和功能,进而影响评估体系的认可度、在行业领域内的推广度,以及提高消防安全水平的实现程度。

②在城市火灾风险评估指标体系中,不同的评估指标对系统有不同的影响,权重在指标系统中是很重要的主观和客观反映的综合度量,它表示在指标体系中某指标的相对重要程度,即该指标的变化在其他指标不变的条件下对结果的影响。

③根据问题的实际情况,建立合适的数学模型,是火灾风险评估指数法非常关键的问题。

（8）层次分析法

层次分析法本质上是专家经验的定量化,不同的专家、不同的打分过程,评判结果差异较大。其防火评估的公式为:风险=$f$(致灾因子,孕灾环境,易损性)。现有对城市火灾风险评估指标体系的研究主要根据风险的三个因素确立评价指标,并采用层次分析法（AHP）确定各指标权重,通过网格化研究区对每个网格的火灾风险等级进行评价,从而完成整个研究区的火灾风险评价。由于研究区域不同,城市在致灾因子、孕灾环境、易损性三个要素方面的影响指标也必然存在差异。从致灾因子、孕灾环境、易损性三个要素建立指标体系,并采用同级指标间等权重平均的方式计算各评价单元的火灾风险。建立以致灾因子($A$)、孕灾环境($B$)、易损性($C$)为一级指标,包含多个二级指标的指标体系（表4.4）。其中,致灾因子的二级指标分别表示为:$A_1, A_2, \cdots A_n$;孕灾环境的二级指标表示为:$B_1, B_2, \cdots B_m$;易损性的二级指标表示为:$C_1, C_2, \cdots C_s$。指标权重方面,为简便起见,可采用同级权重相等的计算模式,即一级指标的权重相等,均为1/3;一级指标之下的二级指标等权,二级指标 $A_i(i=1, 2, \cdots n)$ 的权重为 $1/n$, $B_i(i=1, 2, \cdots m)$ 的权重为 $1/m$, $C_i(i=1, 2, \cdots s)$ 的权重为 $1/s$。指标评分方面,根据评价标准确定为 1~5 共 5 个等级,1 代表低,2 代表较低,3 代表中等,4 代表较高,5 代表高。设某研究单元的火灾风险二级指标的得分为 $p(T)$,其中,$T$ 为二级指标,则该研究单元的火灾风险评价值($R$)可按如下公式计算:

$$R = \frac{1}{3}(H + E + V)$$

其中,$H = \frac{1}{n} \sum_{i=1}^{n} p(A_i)$, $E = \frac{1}{m} \sum_{i=1}^{m} p(B_i)$, $V = \frac{1}{s} \sum_{i=1}^{s} p(C_i)$ 分别为研究单元的致灾

因子、孕灾环境、易损性评价值。

表 4.4　城市火灾风险评价体系

| 评价目标 | 一级指标 | 二级指标 | 评价标准 |
|---|---|---|---|
| 城市火灾风险评价指标体系 | 致灾因子 | 加油加气站 | 距离致灾因子越近,火灾风险越高 |
| | | 化工厂 | |
| | | 油气储备库 | |
| | | 人员密集场所 | |
| | 孕灾环境 | 城市用地类型 | 不同用地类型,对应不同的火灾风险等级 |
| | | 消防站分布 | 距离消防站越远,火灾风险越高 |
| | | 消防水源分布 | 距离消防水源越远,火灾风险越高 |
| | | 建筑密度 | 建筑密度越高,火灾风险越高 |
| 城市火灾风险评价指标体系 | 孕灾环境 | 建筑防火等级 | 建筑防火等级越低,火灾风险越高 |
| | | 建筑高度 | 建筑越高,火灾风险越高 |
| | 易损性 | 城市人口 | 城市人口密度越高,火灾风险性越高 |
| | | 城市财产分布 | 城市财产分布越密集,火灾风险越高 |
| | | 历史文化街区 | 历史文化街区火灾风险高 |
| | | 消防重点防护单位 | 消防重点防护单位火灾风险高 |

### 4.6.3　建筑总防火平面布局和平面设计

1)建筑物周围环境

在设计一栋建筑物前,要认真考虑它在周围整体环境中的作用和地位。城市应当根据该地区的使用性质划分若干个防火区域,且应对每个区内的人口密度、建筑物密度、可燃物荷载、可能火源的方位频率等基础数据有清楚的了解。设计一栋建筑物时应当协调好它与周围地形及其他建筑的关系,处理好火灾对周围环境的影响。

2)建筑防火间距

火灾在相邻建筑物之间蔓延的途径有热对流、热辐射、飞火和火焰直接接触燃烧 4 种方式。为了防止建筑物间的火势蔓延,各幢建筑物之间留出一定的安全距离是非常必要的。这样能够减少辐射热的影响,避免相邻建筑物被烤燃,并可提供疏散人员和灭火战斗的必要场地。这个安全距离就是防火间距。

①防火间距的影响因素主要有辐射热、热对流、建筑物外墙开口面积、风速、相邻建筑物的高度、建筑物内消防设施的水平、灭火时间、灭火作战的实际需要等。

②建筑物之间防火间距的具体要求:建筑物之间的防火间距应根据相邻建筑外墙的最近距离计算。民用建筑物的防火间距设置要求如表 4.5 所示。

表 4.5　民用建筑之间的防火间距

| 建筑类别 | | 高层民用建筑/m | 裙房和其他民用建筑/m | | |
|---|---|---|---|---|---|
| | | | 一级、二级 | 三级 | 四级 |
| 高层民用建筑 | 一级、二级 | 13 | 9 | 11 | 14 |
| 裙房和其他民用建筑 | 一级、二级 | 9 | 6 | 7 | 9 |
| | 三级 | 11 | 7 | 8 | 10 |
| | 四级 | 14 | 9 | 10 | 12 |

注:①相邻的两座建筑物,相邻外墙为不可燃性墙体,外露屋檐要求无可燃性,每面外墙上不正对开设无防火保护的门、窗、洞口等。该门、窗和洞口的面积之和小于外墙面积的 5% 时,其防火间距可按本表的规定减少 25%。
②防火墙为两座建筑相邻较高的一面外墙,在高出相邻较低建筑物一级、二级耐火等级的建筑屋面 15 m 及以下范围内的外墙为防火墙时,防火间距可不限。
③高度相同的相邻两座一级、二级耐火等级建筑中,防火墙在相邻的任一侧外墙,以及不低于 100 h 的屋顶耐火极限时长,其防火间距不限。
④相邻两座建筑中,若较低一座建筑有不低于二级的耐火等级,在屋顶无天窗且较低一面外墙为防火墙,屋顶耐火极限不低于 1.00 h 的条件下,其防火间距应大于 3.5 m;对于高层建筑,应大于 4 m。
⑤相邻两座建筑中,较低建筑屋顶无天窗且耐火等级不低于二级,相邻较高建筑一面外墙高于低建筑屋面 15 m,且注意相邻两座单层及多层建筑。当相邻外墙无外露的可燃性屋檐且为不可燃性墙体,每面外墙上没有防火保护的门、窗、洞口,不正对开设门、窗、洞口的面积之和小于外墙面积的 5% 时,其防火间距可按上表规定减少 25%。
⑥相邻建筑被天桥、连廊或底部建筑物等连接时,其防火间距不应小于上表规定。
⑦既有建筑的耐火等级小于四级,其耐火等级可按四级确定。

裙房和其他民用建筑之间的防火间距示意图如图 4.12 所示;高层民用建筑和裙房及其他民用建筑之间的防火间距示意图如图 4.13 所示。

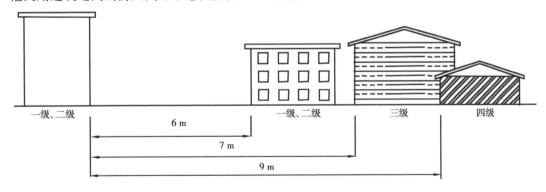

图 4.12　裙房和其他民用建筑之间的防火间距示意图

③防火间距不足时可采取如下措施:

a.改变建筑物内的生产和使用性质,尽量降低建筑物的火灾危险性,改变房屋部分结构的耐火性能,提高建筑物的耐火等级。

b.调整生产厂房的部分工艺流程,限制库房内储存物品的数量,尽量降低建筑的火灾危险性。

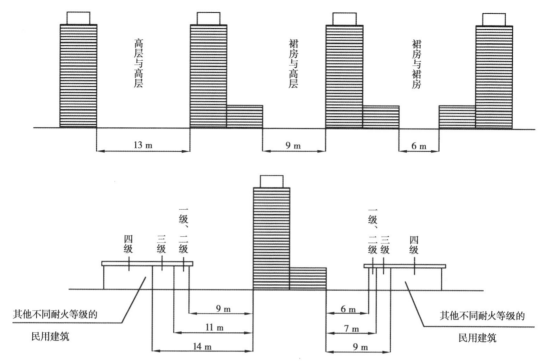

图 4.13　高层民用建筑和裙房及其他民用建筑之间的防火间距示意图

c.将建筑物的普通外墙改造为无开设门、窗、洞口的实体防火墙。

d.拆除部分耐火等级低、占地面积小、适用性不强且与新建筑物相邻的原有建筑。

e.设置独立防火墙。

f.采用防火卷帘或水幕保护。

3)消防车道

(1)消防车道设置

①城市街区相邻道路中心线间的距离不宜大于 160 m。

②当建筑物内院较大时,应考虑消防车在火灾时进入内院进行扑救操作,同时考虑消防车的回车需要,由此当内院或天井短边长度大于 24 m 时,宜设置进入内院或天井的消防车通道。

③建筑物长度超过 80 m 时,如没有连通街道和内院的人行通道,也会妨碍火灾扑救工作。

④民用高层建筑,如展览建筑、有 3 000 个以上座位的体育馆、2 000 个以上座位的会堂、占地面积大于 3 000 m² 的商店等单、多层公共建筑,应设置环形消防车道,条件特殊时,消防车道可沿建筑的两个长边设置。

⑤高层厂房应设置环形消防车道,在甲类、乙类、丙类厂房(占地面积大于 3 000 m²)及乙类、丙类仓库(占地面积大于 1 500 m²),条件特殊时,消防车道可沿建筑的两个长边设置。

⑥若消防车道穿过建筑物或进入建筑物内院,其两侧不宜设置影响人员安全疏散或消防车通行的设施。

⑦供消防车取水的消防水池和天然水源应布设消防车道。取水点与消防车道边缘距离应小于2 m。

⑧堆放可燃材料的露天场区,液化石油气储罐区,甲类、乙类、丙类的液体储罐区及可燃性气体储罐区,应当设置消防车道。

（2）消防车道相关要求

①宽度要求。据调查,一般中小城市及消防大队配备的消防车有泡沫消防车、水罐车。而大城市,尤其是高层建筑居多的城市,除上述消防车外,还配备有曲臂登高车、登高平台车、举高喷射车、云梯车、消防通信指挥车等。对于油罐区及化工产品的生产场所配备的消防车主要为干粉车、泡沫车和干粉—泡沫联用车。据调查统计,在役消防战斗车辆中,消防车的最大长度为13.4 m,最大宽度为4.5 m,最大高度为4.15 m,最大载质量为35.3 t,最大转弯直径为10 m,最小长度为5.8 m,最小宽度为1.95 m,最小高度为1.98 m。目前国内所使用的各种消防车辆外形尺寸多按单车道考虑,消防车速度一般较快,穿过建筑物时宽度上应有一定的裕度,确定消防车道的净宽度和净高不应小于4 m。而对于一些需要使用或穿过特种消防车辆的建筑物、道路桥梁,还应根据实际情况增加消防车道的宽度和净空高度。

②坡度要求。规定居高消防车停留操作场地的坡度不宜大于8 %。

③转弯半径要求。据实测,普通消防车的转弯半径为9 m,登高车的转弯半径为12 m,一些特种车辆的转弯半径为16~20 m。为了使消防车能够正常开展工作,消防车道的转弯半径必须大于消防车本身的转弯半径。

④承重要求。消防车道路面、扑救作业地及其下面的管道和暗沟等能承受大型消防车的压力,以保证消防车正常通行和作用。

⑤火灾自动报警系统的设计。设计经历了三个报警系统阶段:传统火灾的自动报警系统阶段、总线制火灾的自动报警系统阶段、智能型火灾的自动报警系统阶段。

火灾自动报警系统的组成:集中报警系统、区域报警系统、控制中心报警系统。

⑥火灾探测器。

a.根据火灾探测形式不同可分为点型火灾探测器和线型火灾探测器。

b.根据被探测的物理量,可分为:感烟探测器、感温探测器、火焰探测器可燃气体探测器。

⑦火灾报警控制器。

a.按照通信寻址方式和接线分类,可分为多线制火灾报警控制器和总线制火灾报警控制器。

b.按照功能和用途分类,可分为区域火灾报警控制器和集中火灾报警控制器。

⑧新型火灾自动报警系统设计。包括吸气式烟雾探测火灾报警系统设计和图像式火灾报警系统设计。

⑨自动喷水灭火系统设计。包括开式喷水灭火系统和自动闭式喷水系统。开式喷水灭火系统包含水幕系统和雨淋灭火系统。自动闭式喷水系统分为干式灭火系统、湿式灭火系统、预作用灭火系统等。

⑩洒水喷头、报警阀组、排烟设计。洒水喷头包括开式洒水喷头、闭式洒水喷头;报警阀组包括干式报警阀组、湿式报警阀组;排烟设施的主要功能是将烟气排出保护区域,以保护建筑结构,为人员疏散提供必要的安全条件。排烟可以分为机械排烟和自然排烟。

### 4.6.4 森林火灾火源、可燃物、可燃性分析

1)森林火源

森林火灾是重要的自然灾害,突发性强、防控难、危害大,不仅破坏生态环境,而且直接威胁人民群众生命财产安全,影响林区和谐稳定。引发森林火灾的原因主要有三类:

①农事用火、烧灰积肥、祭祀用火。

②野外吸烟、儿童纵火、野炊等。

③故意纵火、烧牧场等。

总体来说,致使森林火灾的火源比较复杂。

2)可燃物的划分

可燃物是森林发生火灾的物质基础,其中绝大部分有机物质均属于可燃物。

(1)按物质组成分

①死地被物:组成死地被物的种类很多,根据它们在地表的分布状态又可分为地表上层,如枯枝落叶、枯草、掉落的果实等,保持原有状态,尚未分解,结构疏松、孔隙大,水分易流失和蒸发,含水量随天气湿度的变化而变化,易干易燃。地下表层:枯枝落叶等处于半分解或分解状态,结构紧密,孔隙小,保水性强,不易着火,仅在长期干旱时才能燃烧。

②地衣:含水量随大气湿度而变,收水快,失水也快,易干燥,燃点低。附生在针叶树枝上的长松萝、节松萝等易引起树冠火。

③苔藓:主要生长在阴湿密林中,吸水性强,不易着火,只有在连续干旱的时候才能燃烧,如泥炭藓在极干旱的年代就可能发生地下火。

④草本植物:主要是一年生植物,按照可燃性划分可将其分为易燃和不易燃两种。易燃的大多为阳性杂草,含纤维多,如禾本科、莎草科和菊科等植株高大密集,干枯后不易腐烂,非常易燃。不易燃的草本植物矮小,主要生长在肥沃潮湿林中,叶子多呈现肉质或薄膜状,且其含纤维少,水量多。

⑤灌木:多年生木本植物,水量大,不易燃烧。在冬季,有些阔叶灌木上部枝条干枯叶不落,如中国东北林区的胡枝子等也易燃,有些针叶灌木如兴安桧、西伯利亚桧和偃松等,含大

量树脂和挥发性油类,均易燃。灌木丛状生长较单株生长易着火且不易扑救。

⑥乔木:通常针叶树较阔叶树易燃,因针叶树含大量树脂和油类。在阔叶树中也有易燃和不易燃的,不易燃的如杨、柳等;易燃的如中国东北林区的桦树,树皮呈薄膜状,含油质多,南方林区的桉树含油质也多,均易燃。

⑦森林杂乱物:包括风倒木、采伐剩余物、枯立木等。火的强度受杂乱物的数量、组成和含水量的影响很大。

(2)按所处位置划分

①地下可燃物:枯枝落叶层以下,包括泥炭、腐殖质、树根等,燃烧速度慢,能量大,无火焰,持续时间长,不易扑灭,表现为地下火。

②地表可燃物:枯枝落叶层到离地 1.5 m 高,包括枯枝落叶、地衣、苔藓、杂草、倒木、伐根、幼苗、幼树等,燃烧快,有火焰,表现为地表火。

③林中可燃物:离地 1.5 m 以上,包括乔木、大灌木、枯立木、藤本攀缘植物等,表现为树冠火。

(3)按性质划分

①活的可燃物:一切绿色植物(如草本、灌木和乔木等)。因其含水量多,不容易燃烧,且可以使火熄灭或减弱火势,但当遇到高强度火也能燃烧。

②死亡的可燃物:枯枝落叶、枯立木、腐朽木、倒木等,其性质与数量主要取决于活的可燃物组成、郁闭度和林龄等。例如郁闭度大,死地被物就多,否则就少。死的可燃物的多少与持水时间和燃烧性有很大关系,细小枝条一天就可干燥着火,大的倒木因很长时间才能干燥不易着火。为了测定点燃时数,US 曾经测定了直径不一且分别被干燥后的死可燃物的点燃时数,1 h 滞时可燃物的直径小于 0.635 cm,10 h 滞时可燃物的直径为 0.635~2.54 cm,100 h 滞时可燃物的直径为 2.54~7.62 cm,1 000 h 滞时可燃物的直径为 7.62~20.32cm。

3)影响森林可燃物的主要因素

(1)可燃物的种类和数量

森林可燃物的种类不同,其燃烧性也不一样,枯草比木质材(包括枝条、大枝丫)易燃;苔藓、草本植物发热量较低,阔叶树次之,针叶树较高。相同的可燃物,数量不同,燃烧特点也不一样,特别是有效可燃物(指燃烧时,完全消耗掉的可燃物)数量多,火强度就大;反之则弱。

(2)可燃物的结构

可燃物的结构主要表现为可燃物的大小、形状和表面积与体积之比。相同的地被物,结构疏松易燃,蔓延速度快,火强度大;而结构紧密,则不易燃烧,持续时间长,火强度弱。

(3)可燃物的连续性与间断性

如果林地表面可燃物连续排列,火可连续不断地向前蔓延,否则有可能熄灭。另外,可燃物的垂直连续性,往往可由地表火上升为树冠火,一旦树冠间断分布,则由树冠火下降为地表火。同样在地下有泥炭和腐殖质连续分布时,在干旱条件下,可以发生地下火。

（4）可燃物的含水量

可燃物的含水量直接影响着火难易度和火强度。可燃物的含水量除受气象要素影响外，还受立地条件影响。一般在干燥立地条件下，可燃物易燃；在潮湿立地条件下，可燃物可燃；在水湿立地条件下，可燃物不燃或难燃。

近年发生的森林火灾大都与气象条件有关，如 2019 年四川木里县森林火灾就是雷击树木而引发的。以上森林可燃物、气象条件和火源称为森林火灾的"三大要素"。

### 4.6.5 喀斯特山区森林火险风险评价

森林火灾作为世界森林面临的主要风险，是一种自然灾害，具有破坏性大、突发性强、处置救援较为困难的特点。森林的生态服务功能会因森林火灾的发生而遭到破坏，周围的社区和生态系统也会遭到威胁。最近几年，我国生态环境和森林资源因为多起重大森林火灾而遭到了严重破坏。所以，森林火灾风险评估的开展有利于指导消防资源规划、森林火灾风险防控等。国内学者选用了地形地貌、人口、居民点、森林特征、土地利用、植被、气候和历史火灾数据等指标，在评估森林火灾风险时主要使用了指标体系法和信息扩散理论。而在国外，则选用了可燃物、气象、植被类型、人类活动、居民点、地形、道路距离等作为特定指标要素，主要使用了风险评估模型。在自然灾害风险评估方面还有一些学者做了灾害综合风险评估的研究，即公共安全三角形理论、自然灾害系统理论和应急管理能力。除此之外，若从综合风险角度出发，则应尽可能全面地考虑包括消防应急能力、气象等在内的各类指标来进行森林火灾风险的评估。根据《森林防火条例》，森林草原火灾可以分为四个等级，即一般森林草原火灾、较大森林草原火灾、重大森林草原火灾和特别重大森林草原火灾。该等级是按照受害森林草原面积、伤亡人数和直接经济损失来划分的，如表 4.6 所示。

表 4.6　火灾等级分级表

| 等　级 | 特　征 |
| --- | --- |
| 一般森林草原火灾 | 受害森林面积在 1 公顷以下或者其他林地起火；或者死亡 1 人以上 3 人以下；或者重伤 1 人以上 10 人以下 |
| 较大森林草原火灾 | 受害森林面积在 1 公顷以上 100 公顷以下；或者死亡 3 人以上 10 人以下；或者重伤 10 人以上 50 人以下 |
| 重大森林草原火灾 | 受害森林面积在 100 公顷以上 1 000 公顷以下；或者死亡 10 人以上 30 人以下；或者重伤 50 人以上 100 人以下 |
| 特别重大森林草原火灾 | 受害森林面积在 1 000 公顷以上；或者死亡 30 人以上；或者重伤 100 人以上 |

随着集体林权制度改革和国有林业企业经营体制改革的不断深入，森林、林木、林地的经营主体和模式都发生了很大变化，有必要在强化政府责任的基础上，明确森林、林木、林地的经营单位和个人以及林区内其他单位、个人的防火义务。我们应从以下几个方面入手减少森林火灾的发生。

①加快森林防火责任制的建立:给规定林木、森林、林地的个人和经营单位划定森林防火责任区,确定森林防火责任人,并规定责任人在经营范围内要承担的森林防火责任,同时要配备森林防火设备和设施。

②加快护林员制度的完善:规定森林、林木、林地的经营单位配备的兼职或者专职护林员。其主要职责是负责巡视和保护森林,管理好野外用火,在发生火情时及时报告情况,并协助有关机关调查森林火灾案件。

③加强森林防火宣传教育义务的履行:规定在森林防火期内设置森林防火警示宣传标志,由林木、森林、林地的经营单位来进行完成,同时对进入其经营范围的人员进行森林防火安全宣传。

④野外用火管理的进一步加强:禁止在森林防火期内于森林防火区用火。若遇到特殊情况(防治病虫鼠害、冻害等)确需野外用火的,应当在得到批准的前提下使用,并严格按照要求采取防火措施,严防失火。

⑤加强对林区其他单位、个人的森林防火义务:电信线路、电力和石油天然气管道的森林防火责任单位要在森林火灾危险地段开设防火隔离带,并组织人员进行巡护;铁路经营单位除了要负责自己单位所属林地的防火工作,还要积极和县级以上地方人民政府配合,做好铁路沿线森林火灾危险地段的防火工作。

对于森林防火,我们要按照党中央、国务院决策部署,坚持人民至上、生命至上,进一步完善体制机制,依法有力、有序、有效地处置森林草原火灾,最大程度减少人员伤亡和财产损失,保护森林草原资源,维护生态安全。

### 4.6.6　消防管理与新技术

"十三五"时期,贵州省经济高速发展成为新常态,同时"高风险""高概率"火灾发生的消防安全也会成为新挑战。在消防方面,目前我们面临重大战略课题:消防部门应当如何就贵州省"守底线、走新路、奔小康"创造良好的消防安全环境的问题,突出战略导向和问题导向,明晰战略重点,着眼于我省的经济发展与公共安全战略全局,加强风险评估和完善防控体系。全面构建"责任防控""依法防控""重点防控""基础防控""全民防控"和"科技防控"六大体系,形成贵州省的火灾防控体系。必须要充分发挥出我国政治优势以及制度优势,在不断创新社会消防的管理体制机制,积极努力探索建立与经济社会发展相适应的公共消防安全管理新模式的同时,要充分利用大数据平台,主动运用和全面拥抱大数据来引领警务和革命,并为消防工作"破局突围"提供革命核心驱动力。贵州省具备得天独厚的优势,即资源禀赋优势、生态环境优势、政策叠加优势和产业基础优势。同时作为国家支持的大数据应用试点省,目前贵州省已经初步建设了具有一定规模的大数据平台,以"7+N"朵云和"云上贵州"平台为标志,为贵州省消防大数据的建设奠定了坚实基础。近年来,省政府高度重视消防大数据的建设,在政策、经费和人才上给予强有力的支持。

贵州省拥有大数据得天独厚的条件,利用大数据平台推动了"智慧消防"的建设,"大数据+消防"的综合管理模式目前已经初步形成。这为消防工作插上了"大数据之翼",打造了精准指挥的"智多星",打造了精准预防的"阻火阀",打造了精准政工的"指南针",打造了精准管理的"千里眼",打造了服务群众的"贴心人"。

贵州省要居安思危、勇于革新、大胆探索、永不停滞,坚持"消防安全永远是零起点"的理念,积极适应中国特色社会主义进入新时代对消防安全治理的新要求,牢牢把握住火灾防控的规律和特点。贵州省为着力提升消防治理的现代化水平,要聚焦风险防控、补齐问题短板,不断创新消防安全治理模式,扎实推动火灾责任防控、依法防控、重点防控、基础防控、全民防控、科技防控"六大体系"建设;同时按照"党政同责、一岗双责"的要求压实扣紧省、市、县、乡、村消防安全"五级责任链条",贯彻落实消防工作"谁主管、谁负责"的原则,$N+1$ 部门监管模式要进行全面推行以实现让数据多跑路、全面推进重点单位"四个能力"和一般单位"一懂三会"建设。行业主管部门和公安派出所要将其纳入工作考核评价体系中,大力推行消防安全网格化管理,全面夯实社会火灾防控基础;在消防力量增长方式方面要不断努力创新,全面推进多种形式消防队伍建设,同时形成具有多形式和多渠道发展的以政府为主导、富有战斗力和生命力特点的地方专(兼)职消防队伍,要不断培育社会单位消防安全"明白人",加强督促重点单位落实"六加一"措施的情况,同时规范消防安全"户籍化"系统的运行,在探索中推进重点单位和街道社区建设消防安全联防协作组织、微型消防站,不断努力将全社会火灾防控力量覆盖面扩大。

由于喀斯特地区地貌的特殊性,地势起伏较大,复杂的地形和陡峻的山地造成交通不便,为扑救森林火灾增加了难度。传统的人工瞭望台、新型远程林火视频监控等方法已不能完全满足偏远地区、信号较差地区森林火灾的扑救。而基于卫星遥感监测技术所拍摄的清晰度和卫星传回的清晰度效果不好。

基于此,一些新的技术运用到了森林防火系统,如无人机森林防火系统,是一种具有机动快速、成本低廉、载荷多样、维护操作简单等优势的新型航空平台,应用其监测森林火灾重点解决了在地面巡护时无法顾及的偏远地区发生林火的早期发现、对重大森林火灾现场的各种动态信息的准确把握和及时了解、航空巡护无法夜航、烟雾造成能见度降低无法飞行等问题。现阶段国内的无人机技术已取得快速发展,在机载控制系统与飞行系统都有重大突破。我国森林火灾当前的防火任务尤为艰巨。由于很多因素影响着森林火灾,所以单纯依靠人工预防和监测是难以应对突发火势的,加强信息化建设已经迫在眉睫。森林防火信息化转型与当前的社会发展趋势相符,新技术的应用对森林防火信息化建设非常重要,也与林业的安全管理相适应。目前一些新的信息化手段(如 3S 技术、数据库等)对森林防火系统起到了极大的促进作用。GPS 技术因为具有良好的应用前景和广泛的应用范围,而且能够摆脱气候和地域因素的影响,进行全天实时监控,已经成为森林防火信息化转型中的核心技术。GIS 系统可为森林火灾防控和决策工作提供大量的客观依据,它主要通过视频监控开展灾情预防和损失统计工作。GIS 系统和传统视频检测技术不一样,存在一定的差异,能够填补传统视频监控的诸多漏洞,例如 GIS 可以实时监控不同辖区的火灾情况,通过信息数据传输技术进行火情预警。遥感技术能够实时显示森林地形地貌、火情图像、扑救程度等情况,其主要依赖于计算机系统和卫星系统,它可以利用多个终端之间的信息数据互通来构建信息化监控网络。目前,信息化遥感系统的核心技术有可见光扫描辐射仪、分辨率红外影像技术。这些技术能够针对大范围的林区进行遥感监测,并且最终生成彩色的清晰图像,可燃物的数量和类型也可以分辨。此方法对火灾隐患监测有着极大的辅助作用。通信技术具有显著的特点,如质量好、速度快、使用便捷,但它也容易受到多种因素的影响,经常发生线路问题、电离问题。通信技术主要分为有线和无线两种类型。目前依靠 GIS 系统,通信技术已经进行了转型。同时在创新实践中,通信技术也向高新方向发展,例如未来通信技术的主要发展方向是 VSAT 系统。

## 4.6.7　灾后恢复建设

1) 基础设施

恢复和重建基础设施,首先要以恢复功能为先导,恢复重建要与城乡规划、当地经济社会发展规划、土地利用规划相衔接,即根据地理地质条件和城乡分布合理调整布局。生产与生活恢复重建需要远近结合,优化结构,合理确定建设标准,增强安全保障能力。包括道路交通重建、通信设施重建、能源设施重建、水利工程重建等。

2) 生产与生活恢复重建

城镇居民住房重建包括前期工作和建立住房供应体制以及一些注意的问题。前期工作保障城镇居民住房恢复重建工作的顺利进行:对灾区的城镇住房损毁情况进行技术层面的科学评估;依法处理房屋责权利关系;明确政府经济补贴的范围;合理处理原有房屋使用土地;坚持城镇住房制度改革方向不变;构建灾后城镇住房资金筹措与建设新机制。住房供应体制很重要,其基本构架为两大体系、四种形式。需要注意的问题:防止灾后城镇房屋重建过程中乱占地,特别是乱占耕地;防止灾后重建房屋呈现同构性;防止盲目提高房屋设防标准;在灾后住房重建过程中,要谨慎对待城镇群众自发组织住宅合作社重建住房;重建后,要及时动员与鼓励城镇居民由临时安置房搬迁到永久性住房;防止以灾后解决城镇居民住房为由,开发小产房。

3) 生态环境恢复与防灾减灾

(1) 生态修复

①修复原则:因地制宜原则;生态学与系统学原则;可行性原则;风险最小、效益最大原则;自然修复和人为措施相结合原则。此外,还应考虑生态修复的自然原则、美学原则等。

②修复的主要措施:生物修复技术;物理与化学修复技术;植物修复技术。

(2) 环境整治

①应对灾区已经受到影响的环境做出评价,测出污染源的种类和范围,并尽快采取措施

进行紧急治理。

②对灾区污染源进行有效监督管理,防止出现新的环境污染事件。

③加强对灾区环境敏感区域的保护。

④清理废弃物,对垃圾作专项处理,合理利用有用的部分。

⑤加强危险废弃物和医疗废弃物处理,避免产生危害。

⑥在灾区应建立环境监测监管设施,增强环境监管能力。

⑦加强生态环境状况,及时跟踪监测,在灾区建立有效预警系统,防患于未然。

（3）土地利用

①利用原则:从长计议原则;因地制宜原则;节约用地原则;防治并重原则。

②利用措施:与基础设施重建相配套的土地整理工程;农村社区重建工程;基本农田整理工程;城镇土地整理工程。

# 第5章 贵州省喀斯特山区综合防灾减灾示范区建设技术举措

## 5.1 总 则

### 5.1.1 目的与意义

以习近平总书记关于防灾减灾救灾工作重要指示精神为指导,坚决落实 2020 年 12 月 9 日中国共产党贵州省第十二届委员会第八次全体会议通过的中共贵州省委制定的"贵州省国民经济和社会发展'十四五'规划和二〇三五年远景目标"的建议。建议提出了建设省、市、县、乡、村五级灾害应急救助体系的任务,对于健全防灾减灾救灾管理与运行机制,降低综合自然灾害风险,实施灾害避险移民工程,防范与化解重大地质灾害隐患,保障人民生命财产安全具有重大意义。

本书拟开展的喀斯特山区综合防灾减灾示范区(县)(简称"示范区")的建设工作,是推进贵州省喀斯特山区综合防灾减灾救灾体制机制改革的一项内容,也是加强县、乡、村、社区等基层工作能力建设,规范综合防灾减灾示范区建设和管理,引领和带动落实灾害防御责任,增强县级行政区划单位综合防灾减灾救灾技术,提高广大人民群众防灾减灾意识和自救互救能力,把确保人民群众生命安全放在首位,以强民生、保民安为中心,最大程度地降低灾害损失。最终形成"以点带面"的示范区建设的工作,形成基于贵州省喀斯特区域特征的综合防灾减灾做法和亮点。

### 5.1.2 建设依据

贵州省喀斯特山区综合防灾减灾示范区建设依据《中共贵州省委 贵州省人民政府关于推进防灾减灾救灾体制机制改革的实施意见》、贵州省应急管理厅、省发展改革委、省财政厅联合下发《关于推进实施提高自然灾害防治能力重点工程有关事项的通知》和国家减灾委等多部门联合印发的《全国综合减灾示范社县创建管理办法》《全国综合减灾示范社区创建管理办法》、贵州省减灾办印发的《贵州省全国综合减灾示范县（市、区）创建实施办法》《贵州省全国综合减灾示范社区创建实施办法》等相关文件要求,制订本建设和管理方案。

### 5.1.3 建设范围

本课题中的示范区是以县级行政区划单位为建设范围(包括市辖区、县级市、县、自治县和特区),示范区建设基于贵州省88个县级行政区划单位,综合考虑贵州省气象、水文、地层岩性、自然资源及人类工程活动差异性,统筹区域自然灾害、环境灾害和人为灾害的分布特征及形成演化过程的各个阶段,重点结合贵州省喀斯特地貌类型与分布规律,建设基于黔西—黔南喀斯特峰丛区(盘县—水城地质灾害较多,威宁为较易涝区)、黔北—黔东北喀斯特丘丛—峰丛区(地质灾害多发区、德江、湄潭、遵义、铜仁—福泉为较易涝区等特征)和黔中—黔西南喀斯特峰林区(地质灾害多发、金沙、大方为易涝区,贵阳—惠水为较易涝区)的综合防灾减灾示范建设工作,但由于不同的喀斯特地貌类型在分布上还有相互穿插的现象,导致不同喀斯特地貌区域灾害特征和类型存在共性问题。因此在具体开展区域综合防灾减灾建设工作时,要综合考虑共性及差异性问题,有针对性地采取不同的工程措施和非工程措施开展建设工作,本课题重点开展示范建设纲领性工作,不同的示范区建设可在此基础上按照灾害的差异性重点开展工作。

### 5.1.4 建设思路与目标

示范区建设总体目标:借鉴国内外各类灾害综合防灾减灾的成功经验与案例,基于贵州省喀斯特岩溶山区灾害特点,立足贵州省当前防灾减灾工作体系与重点问题,优化和完善贵州省综合防灾减灾工作体系,将综合防灾减灾工作切实纳入示范区社会、经济、文化发展规划中,建立与区域相适应的综合防灾减灾救灾的常态化安全观,从单一灾种向综合灾种转变,加大综合管理与协调力度,完善应急工作机制,引导社会基层组织和社会力量参与防灾减灾救灾的各项工作当中;加强科技创新与支撑,围绕"多灾种,大应急"需要,整体提升救援队伍与配套装备水平;加强灾害场景演化平台、监测预警平台建设和防灾预警"一张图"开发,深入推进空天地一体化综合监测应用系统建设,拓展灾后预警信息发布渠道,全面提高预警预报信息全覆盖和时效性;抓好风险源管控,深入推进新方法、新工程项目建设,推动灾害防治与社会经济发展相融合的大格局,统筹推进灾害防治重点工程和非工程项目建设,全面提高综合防御能力。

## 5.2　建设内容与要求

### 5.2.1　综合防灾减灾组织机构与保障建设

1）组织机构建设

成立示范区综合防灾减灾委员会（简称"减灾委"），坚持"统一领导、分级负责、相互协同、属地为主"原则，以区人民政府区长为组长，分管区应急管理局局长、公安局副局长、民政工作副区长为副组长，由区委办公室、区政府办公室、民政局、城市管理局、安全生产监督管理局、卫生和计划生育局、教育体育局、文化和旅游局、商务和经济技术合作局、团委、乡镇和各街道办事处等19个部门的相关负责人组成示范区综合防灾减灾委员组成委员会，明确各个单位职责（表5.1）及负责示范区综合减灾工作。根据工作需要，可增加有关部门负责人。

表 5.1　示范区减灾委员会及成员单位主要工作职责分工

| 责任单位名称 | 工作职责 |
| --- | --- |
| 区减灾委<br>（区应急管理局） | 统筹全区防灾减灾工作方针、政策和规划的研究制定，对相关单位、乡镇、各街道开展减灾工作进行指导，组织开展防灾减灾宣传活动，组织协调开展重大减灾活动，推进减灾的交流与合作等 |
| 区委办公室、<br>区政府办公室 | 协同区减灾委对工作方针、政策和规划的制定，负责区减灾委的文件印发和协调对外（上）联络接待工作及其他重要工作事宜，组织召开重要会议并传达重要精神，督促落实区减灾委制定的方针、政策与规划，建立健全区灾害应急预案等 |
| 区民政局<br>（减灾委办公室） | 协同区减灾委进行工作方针、政策和规划的制定，建立健全自然灾害救灾物资储备库管理制度、自然灾害救助资金和物资管理使用制度等防灾减灾救灾相关制度；协调各相关单位、乡镇、各街道办事处开展综合减灾示范区的创建工作，做好核查、评估、上报等工作；组织开展自然灾害救助工作，分配救灾款物并监督其使用情况；统筹负责救灾捐赠；负责区减灾委员会应急行动的综合协调工作和办公室的日常工作等 |
| 区公安局 | 协同区减灾委对工作方针、政策和规划的制定；负责在重大减灾活动期间的现场安全警戒以及出现重大灾害期间社会秩序的维护；依法打击造谣惑众和盗窃救灾物资以及破坏减灾设施的违法犯罪活动；结合公共安全业务，开展防灾减灾知识的宣传培训等 |
| 区气象局 | 协同区减灾委进行工作方针、政策和规划的制定；负责本区内的气象监测、预报预警；组织开展气象灾害普查、气象灾害的风险区划、风险评估、气象灾害防御应急的管理工作、推进农村地区气象灾害防御体系和农业气象服务体系建设；承担气象灾害防御知识的宣传工作 |

续表

| 责任单位名称 | 工作职责 |
|---|---|
| 区财政局 | 协同区减灾委进行工作方针、政策和规划的制定;根据减灾工作实际需要,统筹安排区减灾经费,并纳入年度财政预算;负责应急避难场所建设资金,救灾应急资金和救灾物资储备库建设资金及减灾工作经费的拨付及资金的监督使用;有效整合地方财政资金,吸引社会资金参与减灾工作,向社会公布接收救灾资金捐赠账号、开户银行;会同审计、监察部门随时对救灾捐赠款物进行跟踪检查审计等 |
| 区发展和改革局 | 协同区减灾委进行工作方针、政策和规划的制定;负责把减灾工作纳入社会发展规划和国民经济中;安排重大减灾基建项目的规划、立项、建设、验收工作;做好减灾工作的技术保障等 |
| 区委宣传部 | 协同区减灾委进行工作方针、政策和规划的制定,组织开展防灾减灾宣传和新闻报道工作;根据区减灾委办公室提供的减灾信息,组织和协调新闻媒体,及时向社会通报减灾实时动态等 |
| 区工业和信息化局 | 协同区减灾委进行工作方针、政策和规划的制定;组织协调网络信息传递和互联互通,以及负责减灾无线电频率的管理、大中型企业的减灾工作,落实减灾责任和措施;协调全区应急救灾物资的生产、储备、调拨和运输等工作;建立灾害信息档案等 |
| 区自然资源局 | 协同区减灾委进行工作方针、政策和规划的制定,负责相关灾害管理法规及规章;组织对地质灾害的勘察、监测、防治、评价、治理等工作,制订灾害风险图;指导地质灾害的应急处置工作,及时上报灾害信息等 |
| 区住房和城乡规划建设局 交通运输局 | 参与减灾工作的方针、政策和规划的制定;负责辖区内建筑物的风险普查工作;负责工业与民用建筑以及交通运输行业的灾后重建工作;做好交通设施的抢通、保通和维护管理工作 |
| 区城市管理局 | 协同区减灾委进行工作方针、政策和规划的制定;负责城市受灾区域内的街道、路面避难场所的临时搭建、市容环境卫生的监督管理,做好市政基础设施、市容环境卫生设施恢复重建的规划、设计、施工,指导城区房屋抢修排险等 |
| 区安全生产监督管理局 | 协同区减灾委进行工作方针、政策和规划的制定;负责落实安全生产监督管理责任,加强安全生产监督管理,防止和减少生产安全事故,参与指导灾害应急处置行动;结合安全生产业务,开展防灾减灾知识的宣传培训等 |
| 区卫生和计划生育局 | 协同区减灾委进行工作方针、政策和规划的制定;负责减灾体系中医护队伍的建设工作等 |
| 区教育局 | 协同区减灾委进行工作方针、政策和规划的制定;负责在各教育场所和教育机构开展防灾减灾知识教育活动和演练工作;负责学校的灾害救助、应急避难场地的安排和灾后恢复重建方案的实施等 |
| 区文化和旅游局 | 协同区减灾委进行工作方针、政策和规划的制定;负责辖区内旅游区、旅游设施的减灾风险普查、宣传培训、队伍建设、信息报送、灾情核实等工作 |
| 区商务和经济技术合作局 | 协同区减灾委进行工作方针、政策和规划的制定;负责救灾方便食品和饮用水等物资调拨、供应的组织和协调 |

续表

| 责任单位名称 | 工作职责 |
|---|---|
| 团区委 | 参与减灾委工作方针、政策和规划的制定;负责健在人员体系中志愿者队伍的建设;针对共青团和少先队开展防灾减灾宣传培训等 |
| 乡镇、各街道办事处 | 协同区减灾委进行工作方针、政策和规划的制定;制订本单位减灾方案及应急工作规程;完善辖区内的减灾基础设施建设;负责本行政区域内的防灾减灾队伍建设、信息报送、宣传演练、灾情核实等工作;持续开展全国综合减灾示范社区创建工作等 |
| 其他成员单位 | 协同区减灾委对工作方针、政策和规划的制定;根据区减灾委要求,按照工作职责开展工作 |

切实做好"三落实、一畅通"(责任落实、人员落实、物资落实、联系畅通),保证在紧急救助和紧急援助时联系得上、调得动、速度快、好协同。同时,在整合各类应急资源的基础上,全区综合减灾工作由减灾委统一安排指挥,建立多部门信息通报共享联动机制、灾害及次生灾害联合预警会商联动机制和灾害应急响应联动机制工作系统或平台,逐步实现从以部门为主的单一灾种管理体制向政府和部门联动、条块结合的综合应急管理体制转变,有效地加强防灾减灾力量资源整合和协调配合。

示范区综合防灾减灾委下设两个部门,即指挥中心和综合防灾减灾办公室(图5.1)。综合防灾减灾办公室设在区应急管理局,办公室主任由应急管理局任命。减灾委的日常事务主要由办公室处理。设立综合灾害信息大数据库中心,其任务是对灾害信息进行综合分析处理,并把分析后的数据实时传输给指挥中心,同时与国家其他综合防灾减灾相关部门与单

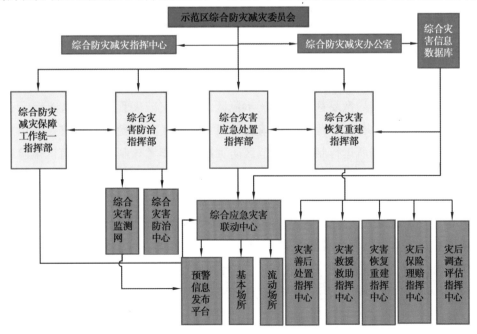

图 5.1　喀斯特山区综合防灾减灾示范区组织体系示意图

位及其他兄弟省份的沟通交流由指挥中心负责;综合防灾减灾指挥中心下设4个部门:综合灾害防治指挥部、综合灾害应急处置指挥部、综合灾害恢复重建指挥部和综合灾害保障工作统一指挥部,全权负责综合防灾减灾害工作的进行,并把实时数据传递给综合灾害信息数据库处理。综合灾害防治指挥部下设两个部门:综合灾害监测网和综合灾害防治中心,总体负责对各灾害的监测与防治。综合灾害应急联动中心设在综合灾害应急处置指挥部,是示范区应急处置工作的总体调动与协调中心。应急联动中心由基本场所、流动场所和预警信息发布平台组成,统一进行高效率、联动的紧急救援工作;综合灾害恢复重建指挥部下设五个部门:灾害善后处置指挥中心、灾害救援救助指挥中心、灾害恢复重建指挥中心、灾后保险理赔指挥中心和灾后调查评估指挥中心,统筹组织灾后恢复重建工作。

　　贵州省喀斯特山区典型综合防灾减灾示范区建设亟须建立和完善,其真正发挥作用、高效联动的防灾减灾运行机制如图5.2所示。根据贵州省省情和灾情,应定期进行风险源排查,对排查到的险情进行实时监测,并把信息及时传递给其他相关灾害管理部门(如气象部门直接将暴雨信息传递给地质灾害防治部门)。相关部门联合对灾害进行链性分析和风险评估,对隐患灾害进行防治。当在灾害隐患勘查或监测过程中发现存在灾害险情或者已发生灾害,应立即报告应急联动中心,由应急联动中心通知和组织相关部门和单位进行救助和恢复重建工作。

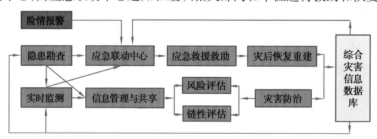

**图 5.2　示范区综合防灾减灾运行机制示意图**

2)综合防灾减灾制度建设

　　根据喀斯特示范区灾害特点,制定或编制《示范区综合灾害应对条例》《示范区综合灾害应急条例》《示范区灾后恢复基本条例》《示范区综合防灾减灾管理保障条例》《示范区备灾仓库救灾物资管理制度》《示范区综合减灾培训工作制度》《示范区自然灾害隐患定期检查制度》《示范区避灾场所运行制度》《示范区防灾减灾工作考核制度》《示范区风险经常性督查制度》《示范区安全巡逻制度》和《示范区防灾减灾档案规范化管理制度》等一系列减灾工作制度,使防灾减灾工作规范化、制度化。根据《贵州省突发公共事件总体应急预案》和《贵州省自然灾害救助应急预案》,结合本区域的环境特点,制订《自然灾害救助应急预案》《山洪灾害应急预案》《防火应急预案》等各类预案,明确各类突发事件的种类、指挥机构、工作职责、预警、应急处理流程、避灾安置场所、灾后救助、信息传递、需落实的具体工作、需转移具体安置人员名单,并制订了不同的应急处理工作流程。

　　把《贵州省突发公共事件总体应急预案》《贵州省自然灾害防范与救助管理办法》《贵州省突发事件信息报告管理办法》《贵州省灾区民房恢复重建管理制度》以及现有的单一灾种

灾害预防法律法规作为贵州省综合灾害预防工作的基本法规体系,涉及了在防灾减灾各阶段对各灾害管理部门、社会及个人在综合防灾减灾工作中的权利、义务、奖励与惩处。由于各项新法规的起草、制定均需要充分考虑其科学性和可操作性以及与其他法规的联系,要保证各法规之间对接无误,并及时根据社会发展和防灾减灾工作的进展对相关法规予以及时修正和完善。各相关部门、单位和个人应严格遵守相关法规,切实保证综合防灾减灾的法治保障体系的建立和完善。

　　3)财政投入与管理机制建设

　　综合防灾减灾示范区建设可参照其他国内外已成功的先进模式,把资金筹集的渠道多样化,加大资金对防灾减灾工作的投入力度,针对资金的管理制度、保障体系进一步完善(图5.3)。

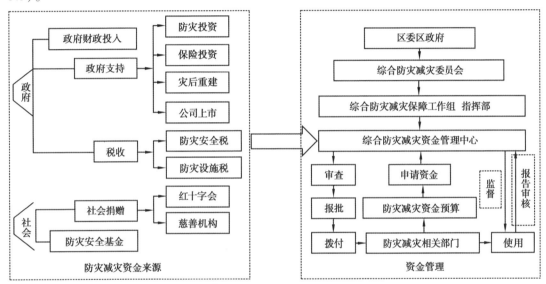

**图 5.3　综合防灾减灾资金投入与管理体系**

　　区财政增设防灾减灾工作经费预算(可按辖区人口人均 2.0 元),乡镇根据辖区人口数按每人 1.0 元标准安排本级财政防灾减灾工作经费;健全基层灾情信息员工作补贴(通信、交通、装备)制度和培训考核制度(培训考核合格的灾害信息员每年每人 1 200 元);建立灾害保险长效机制,连续 3 年共投入不少于 200 万元/年的资金,用于灾害公众责任险和政策性农房保险。

　　引导各企业投资防灾工程与设施以及对受灾群众的住房建设和灾后恢复重建工作予以资金政策上的扶持,把灾区较大公司的上市条件放宽,通过增加系列税收措施如防灾安全税、土地使用防灾设施费税;通过红十字会和相关慈善机构向社会呼吁资金筹集,同时对各级企事业单位提出要求,每年根据自身收入划拨相应比例资金作为防灾安全基金,所有防灾减灾专用资金均由当地综合防灾减灾资金管理中心予以专门监管。对防灾减灾所需资金有关部门应进行预算,由该部门向资金管理中心提出申请,资金管理中心通过严格审查,符合条件的通过申请,不符合条件的驳回申请。存在重大或者特别重大灾害隐患,资金预算超出资金管理中心专款时可向省委省政府申请加大财政划拨的比例。区、县(自治县)、乡镇(街道)和有条件的村(社区)均根据当地具体情况,建立和完善适合当地具体情况的资金投入与管理体系。示范区防灾减灾资金工作要接受业务主管部门的指导和监督,要实行财务公开制度,定期在公开栏公布财务收支情况,接受广大居民的监督,并报区政府备案。公开内容包括:①向居民公开的内容按区政府、区财政局、区民政局规定的内容公开。②向本示范区工作者公开的减灾资金来源包括上级部门下拨的补助资金、社会捐赠资料等;减灾资金支出包括减灾防灾宣传资料、设备购置、活动支出费、其他支出等;事业结余包括收支结余等相关内容。

4)综合灾害风险会商制度建设

实行每日、每周、每月、每季度、每半年和年度,以及对突发灾害的综合风险会商识别,以此形成专业报告《风险研判》,建立起覆盖自然灾害各领域和安全生产的综合风险会商识别工作机制。

①风险会商识别主体。由单位带班领导组织每日会商,区减灾委和有关单位完成每周、月度、季度、年度和突发灾害事故风险会商。

②风险会商识别形式。每日会商采取多种形式如值班人员共同会商、视频调度;每周及月度会商可采取传真、电话、视频会议等形式,组织协调减灾委及相关单位成员参加;季度、年度会商应组织本级减灾委及相关成员单位召开专门会商会议。如若发生重大以上自然灾害和生产安全事故,有关部门要及时开展会商评估。

③风险会商识别报告主要内容。前一阶段自然灾害基本情况和安全生产情况、目前及下阶段所面临的自然灾害和安全生产形势、所面临的突出风险及主要影响,对这些情况需要采取的防控措施建议等。突发性灾害事故会商的内容应包括事件主要情况、现场风险评估速报、影响、处置建议等。

④报告时限。每日会商执行白天调度、晚上会商,并形成专门信息;每周会商于每周一前完成;月度、季度和年度会商研判识别工作的时间分别为该月月底前、该季度、年度结束前该月底前。

⑤成果运用。《风险研判》报告实行分级推送,要及时发送相关结果信息给综合减灾委员会主要领导、上一级应急管理相关负责人、辖区相关负责人,保证信息互通、及时、全面。面对突发紧急灾害事故,按照急用先行、重点保障的工作方法,灾情信息首要向灾害处置现场指挥部发送。无涉密以及无涉及敏感等信息的报告要主动公开。

⑥建立联络员制度。示范区建设单位至少明确两名综合风险会商研判联络员,由一名业务处(科、股、室)负责人、一名工作人员担任,定期报告有关工作情况,按时参加会商研判。

⑦建立管理制度。定期对《风险研判》等相关资料进行整理归档,制订相关档案管理制度,实行专人管理。对报告中涉密信息要加强管理意识和管理场所升级。

5)综合灾害防御规划建设

根据示范地区区域历史灾害情况,设定不同的灾害情景,进行不同灾害情景分析及威胁区范围演化,在此基础上,以街区为单元,进行场地危险性、建筑物倒塌危险性、次生灾害危险性分析,综合评价每个单元的复合危险性。基于灾害情景分析、危险度分析及防灾减灾现状,制订详细的防灾规划、对策和实施计划,包括居民防灾能力提升,区域建(构)筑物防灾能力提升,交通设施防灾能力提升,通信设施防灾能力提升,医疗救护系统防灾对策,老弱病残等归家困难者对策,避难区对策,防灾物流、储备、运输系统对策,居民早期生活恢复及灾后重建规划等。

对现行灾害防治体系讲行资源整合(图5.4),加强防汛抗旱、防震抗震、防寒抗冻等骨干工程建设(不同区域工程防治措施可参考第4章内容),提高自然灾害工程防御能力。加强对生命线工程和重要建(构)筑物防御性能建设,特别注重安全校园建设、安全矿山企业建设;加大棚户区、农村危房等改造力度,特别加强汛期中小河流、水库和山洪地质灾害防御基础设施升级改造,加大生态移民、地质灾害隐患治理等搬迁避让工程建设项目。

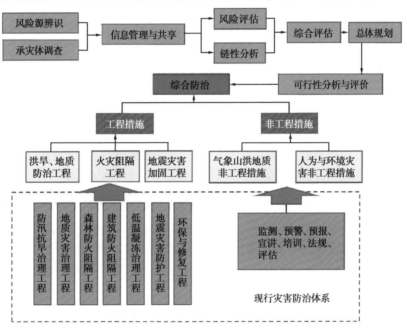

图5.4　综合防灾减灾示范区综合防治体系

根据示范区未来城乡规划建设布局与需求,以及地域环境自然灾害的背景,通过灾害情况评估分析,确定合理、有效的防灾减灾标准,并对示范区防灾体系和规划建设作出统筹规划,构建综合防灾减灾体系,加强对示范区及周边区域公共安全设施建设的管理,指导防灾减灾设施的建设发展,预防和减少各类灾害的危害,增强其抗御和处置各种灾害事故的综合能力,切实维护人民群众的生命财产安全,保障示范区社会全面协调地可持续发展。

### 5.2.2　综合防灾减灾重大工程项目建设

1)综合灾害风险识别与评估项目

对已获得的资源加以充分利用,对综合灾害风险评估开展研究,完成区综合灾害的基本情况调查研究工作,全面查清地质灾害、暴雨洪涝、干旱、低温凝冻、地震和火灾等灾害隐患点的基本情况,分析环境、气象、地质等方面的致灾因子情况;在土地利用、城乡建设、环境保护等相关规划中,运用自然灾害基本情况和研究成果,合理避让潜在灾害风险;有计划地对辖区内学校、医院、企业等人员较为密集的场所以及交通、铁路、电力、水利、广电、通信等重要基础设施和工程进行隐患排查,建立承灾体信息档案,实施动态管理,对不符合要求的建筑物和设施,提出搬迁、拆除、改造或加固等防范措施的建议,切实消除安全隐患。

定期加强示范区乡镇或社区弱势群体和灾害风险点排查。定期组织人员对居民家庭孤寡老人、孕妇、留守儿童、残疾人等进行统计并建立台账,签订《社区结对帮扶协议》,明确具体责任人,对辖区安排社区志愿者帮助抢险救灾和转移人员。

综合利用灾害风险主要要素调查与评估成果,重点隐患排查的空间分布和分级成果,主要灾害脆弱性评估、暴露度评估结果,参考行业规范或业务工作惯例,开展定量或定性的风险评估。依据风险评估成果,结合孕灾环境、行政边界、地理分区等因素开展风险区划,结合各灾害和承灾体的防治特点制订防治区划。综合灾害风险评估与区划,通过对多灾种的综合、多承灾体的综合,多尺度的风险综合,实现不同形式的综合灾害风险评估,制订综合风险区划和综合灾害防治区划。

构建县级灾害综合风险普查数据库体系,建设灾害风险要素调查、隐患排查和风险评估与区划系统,统一制备普查工作底图,支撑调查数据的录入、存储、转换、逐级上报与审核、逐级汇总分析,隐患识别与排查、风险评估与区划,多行业(领域)的数据共享与交换,以及面向政府和社会多类型用户的成果发布与应用,其基本流程图如 5.5 所示。

基本标准:在示范区形成不同灾害类型的灾害隐患点数据资料和数据库、灾害隐患分布图、灾害风险调查和隐患排查方法标准、灾害防御重点对象名单、灾害风险分布图、灾害风险区划图、灾害防御对策方库和灾害隐患治理制度与隐患整改治理记录等相关文件资料。

2)灾害模拟与仿真系统建设项目

目前,贵州省灾害仿真研究较为薄弱,灾害模拟与仿真系统平台建设对综合防灾减灾示范建设具有重要的指导意义。在贵州省综合防灾减灾委员会的统一领导下,由贵州省综合防灾减灾保障工作统一指挥部建设省级防灾减灾研究中心,参考国内外成功案例、理论与方法,依据贵州省市县典型灾害的基本情况,对综合灾害模拟理论进行研究与选取,根据贵州省典型单一灾害和典型灾害链(地震-地质灾害、干旱-森林火灾、洪水-地质灾害等),基于重点区域的典型灾害链,采用科学合理的模型类型,进行模拟系统的开发与应用,切实将研发成果应用于贵州省综合防灾减灾工作的相关方面。在理论、模拟对象和模型类型等研究与选取过程中,切实依据贵州省喀斯特山区实情,切实遵循灾害规律;对防灾减灾研究中心工作人员进行理论与实践双效严格筛选,选取优势科技企业进行系统开发;严格管理防灾减灾研究中心的日常工作,出台相关法规予以保障。

建设的省级防灾减灾研究中心,为示范区综合防灾减灾建设提供必要的技术支撑工作,按照灾害类型和时空孕育演化规律,建立较为科学合理的灾害场景演化平台计算成果,以技术报告的形式,提交给示范区防灾减灾委员会办公室,进行下一步的灾害防御规划和预防。

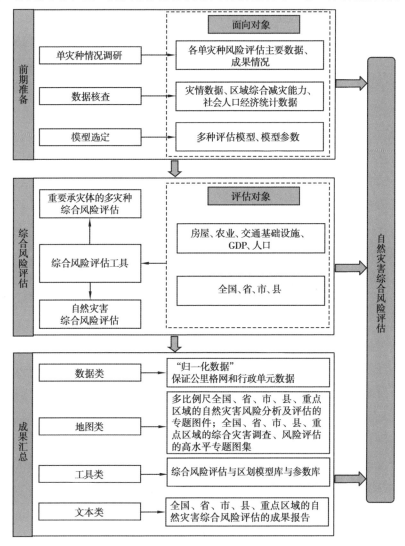

**图 5.5 示范区综合风险调查与评估工作流程图**

3)典型灾种防治工程建设项目

根据贵州省全省目前单灾害防灾减灾举措分析,结合典型示范区内防灾减灾现状与需求,重点开展示范区内多灾种的防灾减灾工程项目建设。

(1)地质灾害防治建设工程(区/县自然资源局)

调查评价工程。以地质矿产勘查开发局、煤田地质局、有色金属工业局及高校和科研单位等地质灾害专业队伍作为示范区调查评价科技服务对口支撑单位,完成示范区城市核心区、喀斯特地区中小学校、人口聚集区岩溶崩滑及地面塌陷和地面变形地质灾害补充调查。完成重要县城、重点集镇地质灾害勘查,开展地质灾害排查、巡查、复查和应急调查,进一步摸清灾害底数,夯实防灾基础。

采用地面调查与工程地质测绘、物探等相结合的技术手段,开展 1∶50 000 地质灾害隐患调查,查明地质灾害孕灾条件和基本特征;针对受地质灾害威胁严重的集镇等人口聚居区,采用无人机、三维激光扫描、边坡雷达等新技术、新方法开展1∶10 000地质灾害隐患调查,主要查明地质灾害隐患的变形特征和危害程度。二是对重大地质灾害隐患点开展1∶500~1∶2 000比例尺勘查,分析地质灾害形成机理、演变规律、成灾模式,评价隐患点的稳定性。

监测预警工程。对部分典型地质灾害易发区和重要地质灾害隐患点实施专业监测,部署一批滑坡、崩塌实时监测简易报警设施,及时更新、完善群测群防网络,开展日常动态监测,建立专群结合的监测预警体系。

地质灾害搬迁避让和治理工程。结合扶贫易地搬迁、新农村和城镇化建设,争取中央和省级财政支持,完成地质灾害危险区域内居民的搬迁避让,消除地质灾害隐患对居民群众造成的威胁。完成威胁区大于30人以上的重要地质灾害工程治理或应急处置。

①工程治理。

对于区内稳定性差及发展趋势不稳定,紧迫-较紧迫,风险性高的地质灾害点,经治理后可达到较高经济效益、环境效益和生态效益,这类地质灾害点建议采取工程治理措施。常用的工程治理方法包括削方减载、地表及地下排水、坡面防护、抗滑支挡、护沟等。

②搬迁避让。

对于区内为欠稳定或发展趋势不稳定,紧迫-较紧迫,风险性较高-中,治理难度大,治理费用高且治理经济性较差的地质灾害点建议采取搬迁避让措施。在搬迁措施中,应结合地质灾害点以及受威胁对象特征,可考虑实施"整体或部分、分期分批"的搬迁方案。地质灾害搬迁避让工作,应做到搬迁新址早规划,尽可能搬迁到位。为避免搬迁对象二次受到地质灾害的影响和危害,须做好搬迁新址地质灾害危险性评估工作。

地质灾害应急指挥平台。建设省、市、县三级地质灾害综合防治信息系统,加强应急专家队伍建设,建成重点县、区地质灾害应急中心和应急指挥平台。

(2)气象防灾减灾建设工程(区/县气象局)

气象灾害观测站网建设工程。加强气象综合观测站网建设,完成新一代天气雷达、风廓线雷达建设;开展陆路、水上交通安全和气象观测系统建设;加强气象综合观测设备设施建设,实现气象综合观测业务的自动化、标准化和信息化。

气象灾害综合防御工程。提升气象信息化水平,大力推动县级突发事件预警信息发布平台建设,建立健全城乡气象灾害防御体系。

生态文明建设保障与人工影响天气能力建设工程。坚持绿色发展,积极参与和保障生态文明建设。开展生态环境保护和人工影响天气能力建设。

(3)防洪抗涝抗旱保障工程(区/县水利局)

受地形地貌影响,岩溶区多分为具有独立功能的小流域单元,通过对区内小流域的治理,以水土保持为核心,以蓄水、治土、造林和水利设施建设为手段,进行小流域的综合治理防护,形成喀斯特地区的特色防洪防旱建设举措。主要的治理手段包括:

①综合防护林体系建设:对坡度大于25°以及在15°~25°的主要蓄水保水坡耕地进行退

耕还林,植树造林工程,利用坡面发展不同的经济树种、林木,既可以实现水土涵养林的建设,又可以增加居民经济收入。

②基本农田防护体系建设:对坡度在 15°～25°的耕地进行梯田化改造,通过砌石或篱笆实现墙保土。

③农林牧等复合型立体生产体系建设:通过对山区生产结构的调整,实现"山戴帽、果缠腰、脚农田"的立体式农业结构,实现水土保持和提高农村经济收入相结合。

④草地畜牧业模式建立:贵州省喀斯特地区的气候适合牧草生长,为畜牧业的发展提供了基础条件,以人口密度小、草地面积大的地区,进行生态畜牧业发展,以草畜牧,以畜养农,并逐步发展畜牧业深加工,以畜牧业代替分散式的农林牧业,短期可以保持水土,长期可发展林业资源。

⑤生态移民模式:对于石漠化严重地区,水资源和土地资源不足,在原本就脆弱的生态环境上进行农业活动,不仅效益不高,而且会对自然环境造成极大的破坏,对该类地区进行生态移民:一方面可以进行集中化的城镇建设,通过异地开发,改善石漠区人口贫困状况,促进社区经济和自然的协调发展;另一方面可以对生态环境进行人工手段进行恢复,减少人为的破坏,使生态系统得以恢复,从而实现山区减灾防灾的目的。

溶洞地下河系统是喀斯特地区最具特色的水资源系统,其既是造成旱涝灾害发生的主要控制因素之一,也是应对和处理旱涝灾害的重要手段。因此,科学合理地应对喀斯特地区的当下水系统是该地区减灾防灾的关键要素。喀斯特地区的地下水开发利用具有功能多、一次性投资、长期实效等优点,因时制宜、因地制宜地合理利用和开发喀斯特地区的地下系统,对于保障地区的用水、解决蓄水和应水问题有显著效果,针对示范区地下水系统开发利用举措主要分为"引、提、堵、围"等几类治理工程。

①引水治理工程。在有高位出口、溢流天窗的地下岩溶系统开渠引水,或直接在溶洞中修建隧道工程进行引水,通过引水工程,可以在雨季对过量的降雨进行人为的调节。通过水量工程,将其处置于水库中进行蓄积,减少短时暴雨产生的不良后果,为旱季提供供水保障(图 5.6)。

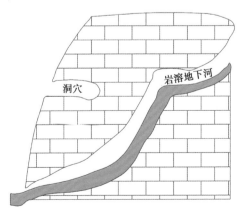
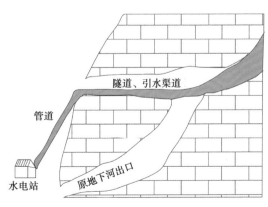

**图 5.6　地下岩溶引水工程**

②提水工程。地下溶洞或岩溶地下河系统中,在排泄点较低或水源不能直接排到地表的地段,通过天窗、岩溶竖井等天然露头,装机提取地下水,用于灌溉及城镇供水等。根据地区情况,采用的抽水形式不同,配备的井泵类型也不同(图5.7)。

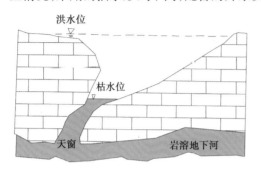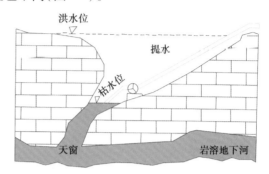

图 5.7　地下河提水工程

③堵水工程。在岩溶地下河系统的天窗、出口处,筑坝堵截岩溶地下河水资源,或在消水洞、洼地落水洞处堵截岩溶地下河系统,使地下水位抬高,以岩溶地下河系统原有的岩溶管道、溶洞、溶隙和部分洼地,形成地下水库、地表-地下联合水库等。岩溶地下水库的用途主要是供水和灌溉,其次是发电,小部分的岩溶地下库也作为旅游。

常见的"堵水工程"有四种模式:岩溶洼地堵消水洞成库、岩溶洼地堵伏流成库、岩溶管道中堵洞成库和岩溶地下河系统出口堵洞成库。

a.岩溶洼地堵消水洞成库:在岩溶洼地处筑坝堵住消水洞,使岩溶地下河系统水资源在洼地处聚集形成水库(图5.8)。

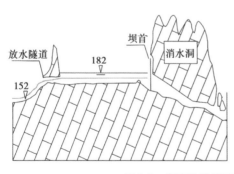

图 5.8　岩溶洼地堵消水洞成库工程示意图

b.岩溶洼地堵伏流成库:伏流的出口在岩溶洼地处被堵住,使水资源在洼地聚集成库(图5.9)。

c.岩溶管道中堵洞成库:在岩溶地下河管道中筑坝,使有利位置地下水位抬高,利于岩溶地下河系统水资源提取(图5.10)。

d.岩溶地下河系统出口堵洞成库:将岩溶地下河系统出口堵住,地下水位抬高,形成地下水库(图5.11)。

④围水工程。用岩溶地下水出口处的有利成库条件,围截地下水成库。

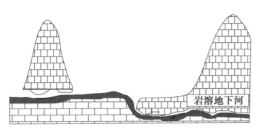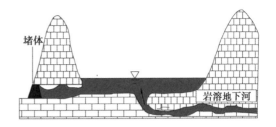

图 5.9　岩溶洼地堵伏流成库工程示意图

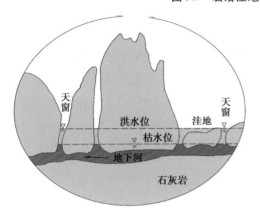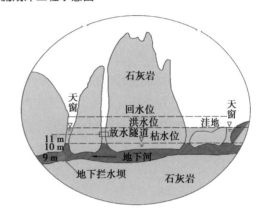

图 5.10　岩溶管道中堵洞成库工程示意图

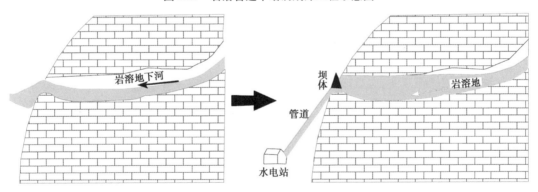

图 5.11　岩溶地下河系统出口堵洞成库工程示意图

（4）防震减灾建设工程（区/县地震局）

建设全省地震烈度速报与预警台网,形成以县级行政区划为单元的地震烈度速报能力和重点区域的地震预警能力。重点建设地震监测与预警中心项目。集成建设地震监测台网中心、地震烈度速报与预警数据处理中心、紧急地震信息服务中心、地震信息网络通信中心、技术保障中心、省地震台网数据备份中心。承接实施国家地震烈度速报与预警工程湖南分项目,建成覆盖全省的地震烈度速报台网和地震预警骨干台网,实现"一县一台"。在此基础上,在地震重点监测防御区,建设重点区域地震预警台网,实现全省地震烈度速报和重点区域地震预警及信息发布,震后 5~8 min 内生成 20 km 控制精度的仪器烈度分布图,震后30 min~24 h 内给出地震灾情评估结果;实现对国家地震预警中心的地震预警信息转发,为交通、重要生命线工程等提供预警信息服务。

重要生命线工程减灾举措:生命线工程是指对国计民生有重大影响和维持城市正常运转的工程,涉及市民日常生活各方面,包括交通系统、供排水系统、能源供给系统、通信系统、医疗系统工程等。

①桥梁地震灾害减灾对策。

桥梁结构的破坏形式主要表现为上部结构破坏和下部结构破坏。上部结构的破坏形式主要有主梁端部开裂、钢桁架桥的下弦杆钢板开裂和局部屈曲等。下部结构的破坏形式主要有钢筋混凝土桥墩盖梁开裂、桥台背墙开裂等。上、下部结构连接处的破坏形式主要有支座的破坏,限位装置的破坏,阻尼器和上、下结构连接处的破坏等。

对于桥墩的破坏,主要采取加固措施,包括钢板加固外套方法、纤维增强复合材料加固方法和增加原始结构断面的方法。对桥梁基础的破坏,通常表现为地震导致地基承载力丧失,这一现象主要由液化导致。对可能发生液化而又无法避开的场地,应采用相应的加固方法,减少液化破坏的可能性和液化发生范围。液化区桥梁的加固主要有两方面:a.改善可能引起液化的土壤条件;b.通过提高结构整体抗震能力、采用合理的基础形式抵抗液化效应(如碎石桩、加固土层等)。此外,桥梁的选址、合理的桥梁结构及桥梁抗震设计流程等均影响其在震害时的稳定性。

总体来说,应对措施如下:

a.基础抗震措施方面,为防止地震引起严重的不均匀变形,可采取减轻上部荷载手段,同时基础的整体性和刚度应予以重视。要重视场地发生砂土液化的可能,如有必要,应采用深埋于稳定密实土层中的深基础,以避免砂土液化层的影响。

b.桥台抗震措施方面,适当加强桥台胸墙,并增加配筋,为缓冲地震冲击力,可在梁与桥台胸墙和梁与梁间设置弹性垫块。采用浅基的通道和小桥可做满河床铺砌或加强下部的支撑梁板,为使地震时墩台不发生滑移,最好使其保持四铰框架的结构。当难以避开的软土地基或液化土时,应保持桥梁中线与河道正交,桥台布置于稳定的河岸上,如有必要,可适当增加桥长。

c.桥墩抗震措施方面,可利用桥墩的延性达到减震的效果。高墩宜采用空心截面,浇筑材料宜采用钢筋混凝土,可考虑采用大直径的柱、桩,也可考虑采用排架桩墩或双排的柱式墩,设置横系梁等联系桩、柱,增强其整体性,提高抗剪强度和抗弯延性。

d.加装耗能减震装置,可以有效减轻桥梁碰撞的不利影响。

e.允许有一定位移而不使主梁落梁,适用于服役及新建桥梁。

②城市管线的抗震减灾对策。

城市管线一旦遭到破坏,会给人们的正常生活造成极大不便,甚至引发严重的次生灾害,威胁人民生命财产的安全。

③管线的破坏形式及对策。

a.拉伸破坏。对策:对埋于软弱土层的管线应放置柔性接头,增加抵御大变形的能力。

b.剪断破坏。对策:在选择管线敷设线路时,应注意所选线路的工程地质条件;注意在接头处应尽量采用柔性连接来增加管线的抗震性能;另外管线的敷设最好采用抗震性能较好的综合管廊形式。

管线防灾的综合对策:

a.从管线材料及连接形式上考虑,管线材料应尽量选用抗震性能好的材料,如钢管和塑料管,而应淘汰易破损的铸铁管等;在接口连接处应采用柔性接头。

b.从管道敷设选址角度看,应尽量避免选择湿软地基,而选择坚硬地段,如果不得不选择湿软地基,在施工时应进行处理。

c.从敷设方式上考虑,安装在地沟内的管道震害最轻,直接埋在土里的次之,架空管道的破坏率最高,大多是支承管架、管桥被破坏及邻近建筑物的倒塌所致。

d.注意埋地管线抗震薄弱部位的处理:接头处,出入地面处,与阀门、管线、设备及构筑物连接的部位以及软硬土交界的部位。另外,埋地直线管道的破坏主要是轴向变形过大所致。

除上述对策外,还应大力发展综合管廊系统,尤其是管线系统发展的方向和趋势。使各种管线有序存放于相同空间,避免线路的混乱,以便于管线的管理及维护检修等。

④电力设施地震灾害减灾对策。

电力系统作为城市防灾减灾生命线工程的重要组成部分,一旦遭受破坏,不仅影响电力系统的正常工作,同时也会造成生命线工程其他系统的关联性破坏。电力设施供电系统主要包括发电厂设施、变电站、配电站、输电线路、用户。这些设施中任何一个元件遭到破坏都将影响整个供电系统的正常运行。应注意电力设施建设的整体抗震稳定性。

⑤铁路、地铁地震灾害减灾对策。

铁路的铁轨在地震中可能发生弯曲,将造成整个铁路正常使用功能的丧失。埋于地下空间的地铁,也可能由于地震而发生结构破坏。针对可能出现的问题,提出如下对策:

a.进行铁路建设时,应注意选址,尽量选择坚硬场地,若场地不很理想,应采取一定的措施防止砂土液化,使场地条件得到改善。

b.地震变形的主要影响首先表现为使边角连接处脱开及脆性面层材料开裂。因此结构和建筑上的各细部应考虑到这种情况并加以注意。结构上明显的不连续部分,如车站进口通道和车站的主体结构的连接处是最容易受到破坏的。

c.从设计角度来讲,对于地铁的抗震应区别不同的围岩条件和施工方法,根据地下结构在地震作用下的受力和破坏特点有针对性地采取抗震措施。抗震构造措施是提高罕遇地震时结构整体抗震能力、保证其实现预期设防目标、延迟结构破坏的重要手段,可充分发掘结构的潜力,在一定条件下,比单纯依靠提高设防标准来增强抗震能力更为经济合理。

(5)火灾防灾减灾建设工程(林业、公安、城建和消防)

由于喀斯特地区地貌的特殊性,地势起伏较大,复杂的地形和陡峻的山地造成交通不便,为扑救森林火灾增加了难度。所以传统的人工瞭望台、新型远程林火视频监控等方法已不能完全满足偏远地区、信号较差地区森林火灾的扑救。而卫星遥感监测技术拍摄的清晰度和卫星传回的清晰度均不理想。

加强森林火险区综合治理建设工程,完善森林防火预警监测系统,提高森林火灾监测能力;加强森林防火通道、生物阻隔带与生物防火林带建设,形成高效林火阻隔网络体系;强化森林防火通信系统,提高火场应急指挥通信覆盖率;完善森林防火信息指挥系统,构建信息指挥系统平台,形成由省到地方乃至火场的通信信息指挥网络体系;引进新技术、新设备,增加森林防火装备科技含量,提高扑火效率。以民用航空为依托,加强森林航空消防系统建设,提高快速反应能力。加强森林火灾损失评估和火灾勘查系统、科技支撑系统、培训基地建设,全面提高森林防火整体水平。

建筑火灾综合治理建设工程。火灾高发季节实施火灾隐患源全面排查,加装防火分隔,改造线路,配置消防器材,加强灭火力量建设,同时加强消防培训。

4) 应急避难场址建设项目

避难所选址及其服务范围直接影响居民的疏散路线及灾害破坏性的降低力度。假设避难建设需综合考虑每个避难所的容量、居民的空间分布以及居民到达指定避难所的最便捷路径,预先划定疏散图,明确每一个居民或人群应尽快疏散到哪个避难所。开展应急避难所区划研究,进行多灾种、多场景验证对比和分析,同时收集示范区人口空间分布数据、道路网络数据和设施数据等,对应急避难场所的基本要求是满足人均面积 $1.5 \sim 2.0 \text{ m}^2$、场所有效面积大于 $2\,000 \text{ m}^2$,借助现有的公园、绿地、广场等公共场所、典型地势平缓带等基础场地可以在灾后迅速转变为灾后救助服务的功能,应急避难场所至少有两条以上与外界相通的疏散道路,将以上基础数据进行空间关系运算,实现最优化的避难场所选址。应急避难场址应满足如下几个方面的要求:

①安全性要求。灾害应急避难场所尽量选择地势较为空旷平坦的位置,易于排水和搭建避难帐篷等设施,选址避开灾害威胁圈范围和地震断裂带等灾后次生影响区域,避开周边对人身安全可能产生影响的区域范围。如果选择室内公共场馆作为应急避难场地,要达到当地的基本设防安全要求。

②设施配置。应急避难场地配备一定数量的生活所需帐篷、简易活动板房等居住设施;配备用于灾害救援和防疫的医疗救护和安全卫生防疫设施;配置临时或固定的供水管网、供水车等两种以上供水设施,并配备可直接饮用水的净水设备。场地每 100 人应至少设一个水龙头,每 250 人应至少设一处饮水处。生活饮用水水质应达到《生活饮用水卫生标准》(GB 5749—2006)的规定;配备生活照明、医疗、通信或设备用电的供电系统,或配置一定数量的便携式发电机供电,设施要具备防触电、防潮、防雷击等安全防护措施;配套临时生活所需的排放管道或污水处理设施,避免与其他系统相互交叉;按照人口标准配置一定数量的生活所需的移动式或暗坑式厕所,应急厕所应设置在避难场所的下风向,距离临时住宿安置区 $30 \sim 50 \text{ m}$,暗坑式厕所附近设置化粪池,厕所具备冲水能力;配套可移动的垃圾、废弃物等分类储运设施,位置位于避难场所下风向,与应急棚宿区的距离大于 $5 \text{ m}$;按照防火、卫生防疫要求,在棚宿区周边和场所内设置通道;按要求设置避难场所标志、人员疏

导标志和应急避难功能分区标志。

③示范区每个灾害风险源威胁区范围以外,实现应急避难场所建设 100% 覆盖,同时避难场所综合配置消防、救援物资、应急指挥部和应急停车场、大型应急停机坪等设置建设工作。

④绘制社区避灾场所平面图。根据社区地形,绘制灾害应急避难示意地图,图上应清晰示意防灾减灾应急指挥部位置,疏散逃生路线、应急棚宿区、应急医院、应急物资储备点等所在位置,并对社区内的楼房、路桥、学校、油库等辖区内的每个灾害危险隐患点、应急疏散路线、避灾场所在风险图上进行标注,让社区居民知晓。

5) 应急物资仓储库建设项目

示范区应急避难与应急物资管理统一交给综合防灾减灾保障指挥部进行调配,对于应急物资储备建设项目,保障工作统一指挥部要结合示范区的历史灾情、常见灾害类型与隐患分布、人口分布等基本情况,联合区规划、环保、民政和财政等部门制订详细的应急物质储备库建设规划。构建县级—乡镇级—片区级和专项灾害物资储备库建设,建立应急物资信息库进行物资实时动态化管理;加快偏远地区和灾害多发区物质保障体系建设;当灾害发生后,指挥部将相关信息迅速下达应急物资管理中心及相关物资储备库和储备点,紧急输送救灾物资到灾区进行救援救助。

根据国家相关技术标准,基于贵州省喀斯特山区灾害特征与区域环境特征,示范区建成仓储面积不低于 2 000 m² 的县级综合应急物资仓库,在市县级形成一市一储、一县一储的市县两级公共卫生应急物资储备体系,结合省市级综合应急物资仓库,县级水旱灾害防御物资储备库不低于 2 000 m²,根据火灾现状与需求,火灾重点区域储备不低于 150 人的防灭火专业队员及防灭火装备,仓储面积不低于 200 m²,依据危化品事故、矿山事故和地震灾害事故,储备各类抢险救援、个人防护等物资。

应根据避难场所容纳的人数和生活时间,在应急避难场所所在的乡镇至少设置一处储备应急生活物资的设施。应利用应急避难场所内或周边的饭店、商店、超市、药店、仓库等进行应急物资储备。每个乡镇储备点应储备价值不低于 2 万元的救灾物资;对于食品、饮用水等不宜长期储存的物资,与商场、供应商等签订应急供货协议,一旦发生灾情急需救助物资,就由辖区内议定供货的商场或供应商快速组织供货,确保储备物资能调得出、用得上、不误事,场所周边的应急物资储备设施与应急避难场所的行程尽量缩短在 30 min 之内。

根据示范区的灾情特点和救灾工作实际需要储备物资,通过招投标等方式,与实力强、信誉好的企业签订代储或预采购协议;建立健全救灾物资储备库管理制度、救灾资金和物资管理使用制度。

县级应急物资储备库,按照常住人口数储备价值人均 5 元(含 5 元)以上的救灾物资的标准,建立救灾物资储备库。其中储备库生活及医疗类应急物资储备品种要齐全,综合储备现场照明(手电筒、探照灯、应急灯等)、应急动力(燃油发电机组)、应急通信(喇叭、对讲机、警报器等)、临时住宿(帐篷、宿营车、折叠床、棉被、睡袋)、保暖衣物(棉大衣、防寒服、棉鞋、毛毯)、卫生保障(沐浴车、简易厕所、垃圾箱、消毒液、清洁用品)、食品供应(餐具、大米、方便食品、蔬菜、肉油盐等)、饮用水净化(应急运水车、桶装水、瓶装水等);应急物资储备联合卫生部门建立病毒病原体诊断试剂和疫苗(可由区医院存储);配备必要的应急处置指挥交通车一辆,通信对讲机五部;人员防护设备包括防护服、防护口罩、乳胶手套、护目镜和鞋套等各500套;生物安全防护服两套;棉大衣、雨衣、防水鞋各100件。配备大型消毒器械与消毒药品,高压消毒机两台,便携式消毒机10台,应急处置工作箱10个;配备封锁、照明设备用品,包括照明设备10台套、警示牌100个、警示带10 000 m,后勤服务保障物品,包括临时安置帐篷、行军床等各50套。

6)示范区综合灾害防灾科普与宣传专项建设(区教育局、宣传部)

(1)防灾减灾宣传教育

示范区保障工作统一指挥部联合区县宣传部、教育局、民政局等相关部门重点加强对各阶段在校学生、社会民众和政府工作人员进行防灾减灾宣传与教育。具体举措可根据每个县域灾害情况的差异性进行制订。例如,根据贵州省及示范区的灾情组织编写科学实用的教材和宣讲材料,培养专业人员每年定期对学生、社会民众及公职人员进行课程讲授与实际演练,切实增强灾害意识,提高灾害自救与互救技能;根据示范区灾害空间分布与人口、企业、资源和环境等分布特征及其相互影响关系,设立公益性的灾害宣教中心,借助互联网+、5G、人工智能、VR等现代化先进技术,构建典型灾害演化场景,增强群众的体验感与参与感,多种方式相结合提高人民群众的灾害知识和技能;防灾减灾知识进万家,以每年国家防灾减灾日等活动为契机,通过灾害手册、防灾知识有奖竞答、广播电视、手机短信和电子宣传等多类宣传方式,提高群众知识获取途径,示范区覆盖面达到100%。定期或不定期地对事业单位、重点化工、矿山企业和人口密集社区进行灾害应急演练,积极提高群众的参与度,达到增加灾害知识认识和排查隐蔽性灾害隐患的双赢目的。

贵州省喀斯特山区呈现出集城市与农村于一体,灾害种类繁多,各地灾情不一,居民文化素质和灾害知识差异较大等特征,因此开展灾害宣教工作,要结合区域文化及灾害的现实情况,同时参考先进县区防灾减灾教育工作的经验,有目标地开展工作,重点做好以下几方面工作:

①防灾减灾宣传教育试点建设。示范区防灾减灾委员会调研目前示范区县灾情及宣教工作的开展情况及短板,重点选取灾情相对严重,但宣教不深、民众防灾减灾意识淡薄的区域,联合区县教育局等责任单位,与区县防灾减灾保障工作统一指挥部一起参考先进区县及国内外典型案例,统一指挥部制订科学、合理、统一的分析标准与分析流程,开展防灾减灾宣传教育试点研究。

②防灾减灾宣传教育的硬件建设。示范区根据人口分布密度,设置至少一处综合自然灾害防灾减灾宣教中心,中心配备必要的器材与多媒体设备,定期组织辖区内学生、企业职工和事业单位人员免费体验和参观,免费发放科普读物等培训资料。通过设置防灾减灾科普读物专栏、电视台与广播专门频道、电子读物、公共场所电子屏及标识标语等多渠道多方

式进行防灾减灾知识和能力提升计划;定期举行防灾演练、组建防灾减灾俱乐部等方式积极引导广大群众参与到宣教活动中。

综合防灾减灾宣教体系如图 5.12 所示。

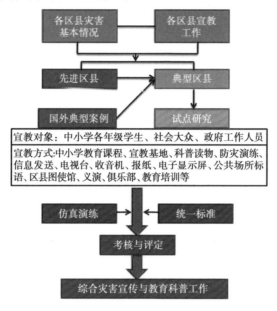

**图 5.12　综合防灾减灾宣教体系**

③增强防灾减灾知识宣传教育力度。开展防灾减灾知识进学校、进社区、进乡村、进企业、进机关"五进"宣讲活动。重点加强中小学防灾减灾教育,开设相关灾害课程,课程以仿真演练为主,辅助必要的理论知识传授。充分利用社区宣传栏、宣传橱窗和防灾减灾日等开展防灾减灾宣传,定期组织开展应急演练和知识讲座,让社区广大群众及时了解有关灾害特征、预警、逃生、自救、互救等相关知识和技能,让社区群众从视觉、听觉、感观去接受、关注和参与社区防灾减灾示范创建。气象部门利用气象日、科普日和防灾减灾日进社区进学校开展知识讲座,不定期将《防灾减灾读本》《农村气象灾害防御知识指南》《中小学气象灾害防御知识指南》等科普读物发放到居民和中小学校师生手中,共同提高社区居民防灾减灾意识,使防灾减灾工作家喻户晓、人人参与。每年社区组织群众参加山洪灾害、森林火灾、防震救灾等相关应急演练活动,演练结束后进行演练效果评估,对参加演练的群众进行满意度调查,提出改进的建议和意见等。

④总结经验,扬长避短,提高防灾减灾宣传教育水平。定期对防灾减灾宣传教育工作进行评定,总结成功经验,发现不足,不断改进防灾减灾宣传教育的方式,提高防灾减灾宣传教育水平和成效。

（2）防灾科普建设标准

实现示范区公共文化服务体系有灾害科普内容,主管机构有联合开展科普宣传的合作协议和活动记录;至少建设一座科普场馆或基地,建设有综合防灾减灾宣传培训网络平台;90%以上的乡镇建设有科普活动室,90%以上街道、社区或村建设有科普宣传栏,100%居民有防灾避险明白卡;有防灾减灾科普读物挂图和音像制品;有两种以上本地编制的防灾减灾科普宣传材料,每年开展科普活动三次以上,制订详细的科普宣传培训年度计划,并对每次活动进行总结,有领导干部、灾害应急队伍和灾害重点防御对象等群体开展科普培训活动记录;示范区 90%以上的中小学将灾害防御知识纳入课外基础教育内容。

7)示范区综合防灾减灾人力与科技专项建设

结合贵州省近年来防灾减灾建设方面的现状,为整体提升区域防灾减灾能力,需重点加强人力资源与科技创新建设理念(图 5.13),从基础做起,更好地探索贵州省防灾减灾发展模式。

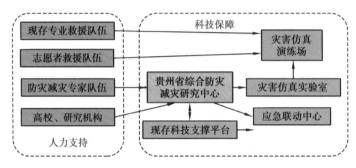

**图 5.13　人力与科技保障体系**

以现有的专业救援队伍、志愿者队伍、专家队伍和高校等科研队伍为基础,在增强现有人员综合防灾减灾业务能力的同时,大力支持引进省外的专业队伍,进行人员扩充和现有装备升级。组建综合应急救援队伍联合办公室,全面协调和指导专业救援队伍及志愿者救援队伍的人员培训、队伍扩充和装备升级等工作。灾害专家队伍和高校及科研机构共同组建省级综合防灾减灾研究中心(省级平台专项建设,为示范区建设提供研究基础),建设灾害仿真实验室,进行多灾种分析与研究,结合地方防灾减灾决策部门,提出综合防灾减灾决策。联合办公室依托仿真实验室设立仿真演练场,对应急救援队伍进行多场景的仿真演练工作,增强专业人员的真实场景感和应急救援应变能力;研究中心积极鼓励省内外各高校和科研团体探索贵州省防灾减灾工作模式,构建综合防灾减灾贵州省模式,积极促进科技成果转化。

8)综合防灾减灾示范社区建设

社区是灾害风险的主要影响单元和承担对象,是综合防灾减灾建设过程中最直接、最重要的参与者之一。贵州省 2008—2019 年共建设综合防灾减灾示范社区 293 个,其中省级示范社区 105 个,全国示范社区 17 个,但是整体上建设数量和规模仍远远不够。

结合贵州省省情、灾情及防灾减灾示范社区建设现状,努力探索构建"政府+企业+社区"的三维建设模式,减轻政府负担的同时,全方位地发挥政府、企业和社区的积极性,参考国家相关建设标准及国内外先进模式,结合贵州省喀斯特山区特征,制定《贵州省喀斯特山区综合防灾减灾示范社区创建标准》等地方性规范,示范区防灾减灾委员会依据当地实际情况制订减灾社区创建规划与方案,监督指导乡镇政府和街道办事处等基层政府机构具体开展示范社区创建工作。注重基层调研和分析,明确灾害隐患及其连锁效应,制订示范区减灾社区创建工作具体方案、应急预案、避难场地、物资储备、人员队伍建设等保障资源,为社区创建工作提供支持。相关企业单位负责人共同组建企业联动领导小组,相互督促和指导企事业单位综合防灾减灾工作;基层村社主要负责人组建村社联动领导小组,统一督促和指挥基层村社防灾减灾工作。企业联动领导小组与村社联动领导小组合作共建,全面负责辖区内的防灾减灾能力提升计划、灾害隐患排查、监测与先期应急处置工作,及时向当地政府机构汇报建设情况和灾害隐患情况。

每个乡镇(街道)设有应急消防站所,平均配有不低于两名专职应急管理人员,结合治安、维稳力量建设综合应急队伍,参照示范社区创建要求,推动社区灾害风险防范、灾害事故应急处置、应急预案演练、救援队伍建设、应急物资储备、科普宣传教育等工作达到较高水平。

对农村地区防灾减灾救灾工作加大资源和力量投入,出台倾斜性支持政策,组织实施农村地区河道疏通、河堤加固、地质灾害隐患治理、山洪灾害防治、防汛预警预报体系建设、高标准农田建设等工作。近年来农村地区综合减灾示范社区数量持续增加。

### 5.2.3　综合灾害监测、预警预报建设

1)综合监测举措

基于贵州省现有灾害监测预警体系,以资源整合、综合减灾为原则构建贵州省典型示范区的综合灾害监测预警体系(图 5.14)。在现有的气象、交通、水利等六大灾害监测网基础上增加镇街、企事业单位灾情速报点、民居灾情速报点和环境灾害监测网,切实将人为灾害和环境灾害纳入示范区灾害监测系统中,组建企事业单位和居民灾情速报网。依托多灾种之间的互馈关系,对现有各部门灾害监测平台进行关联整合,构建气象与交通、水利与地质灾

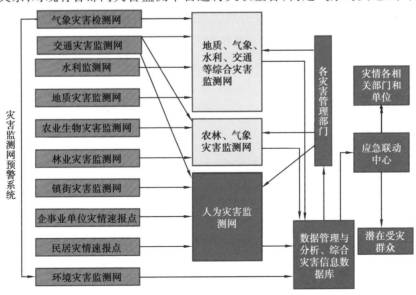

**图 5.14　示范区综合灾害监测预警体系**

害综合监测平台,气象、农林与生物综合监测平台,人为灾害综合监测平台和环境灾害综合监测平台建设。依托联动平台,及时加强灾害信息汇总、分析与共享机制,将灾害综合信息传输到主要管理部门,进行相应的灾害决策调整与防治应对。当灾害即将发生或者已经发生时,各单位和个人可以直接向应急联动中心报警,应急联动中心 24 h 运作,统一接警,进行先期应急处置工作。

综合灾害检测预警体系建设标准如下:有综合灾种监测站设计和布局规划实施方案;每个乡镇建设有专门的气象灾害监测站;灾害自动化监测率达到 95% 以上,监测数据的采集、传输到发布应用不超过 5 min;建设灾害监测预警系统;建设灾害信息共享平台机制和运行管理办法规定。

2) 综合预警预报举措

示范区积极推广运用国内外先进的预报预警技术,有针对性地加强灾害短时临近预报技术,实现精细化预报。做好综合灾害事件会商分析,加强关键性、转折性节点预报与趋势预测,实现灾害事件的实时动态诊断分析、风险决策和预警预报。主要举措如下:

①信息收集。区减灾办及时通过查询已接入多灾种监测预警系统,及时主动对接相关单位收集气象、水文等预测预报信息,通过媒体、网络电话等多渠道收集气象、灾害和事故等监测预报预警信息。

②会商分析。区减灾办组织开展灾害事故风险会商分析,减灾委相关成员单位以及有关专家参加,对收集到的信息进行筛选、分析、汇总,经过综合会商形成会商报告。

③预警响应。一是启动响应。根据灾害事故风险会商报告,按照各类灾害事故应急预案规定,按程序及时启动预警响应并下发专门通知,及时对外精准发布预警信息,并指导重点地方和单位及时规范启动预警响应。二是工作协同。预警响应期间,做好与有关部门的信息共享和工作衔接,指导有关部门及时启动相应级别预警响应,做好灾害事故防范工作。三是组派工作组。视情形向重点地方和单位组派预警响应工作组,负责指导重点地方和单位做好启动灾害事故预警响应、灾害事故防范准备等相关工作。

### 5.2.4　综合灾害信息发布举措

1) 发布制度

①示范区防灾减灾委员会要加强对灾害预警预报信息发布和传播工作的组织领导工作,建立和完善协调机制。各灾害主体机构负责本任务范围内的信息发布与传播指导管理工作。

②示范区防灾减灾委员会要建立和完善灾害预报预警信息发布与传播联动机制,整合气象、自然资源、水利、应急、交通、广电等部门以及突发事件预警信息发布机构资源,实现信息和传播设施共享。

③加强基层信息员队伍建设,乡镇政府机构、街道办事处、企业单位和相关学校等应当明确专门人员负责灾害预警信息的传播。

④灾害预警信息由示范县防灾减灾委员会办公室统一制作发布,也可由其管理的上级主管部门整合发布,其他组织和个人不得以任何形式向社会发布预警预报信息,主管机构应当按照规定及时发布气象灾害预警信号,并根据灾害变化及时更新或者解除。灾害预警信号的级别、防御指南等按照国家主管机构规定执行。

⑤对于重特大灾害预警预报信息,县级及以上主管机构可建立新闻发布会制度,对人民生产生活有重大影响的或公众关注度较高的灾害信息,可根据需要召开新闻发布会或者特邀记者采访等形式向社会公布。

2)发布设施

①示范区加强灾害预警预报信息发布与传播等基础设施建设,特别针对灾害易发区及人员密集场所,设置专用的传播设备,保证设备正常运转,任何组织或个人不得恶意侵占、损毁灾害预警预报专用设施。

②学校、旅游景点、公共交通、车站、机场、高速公路、工矿企业等场所的管理者,应当根据需要设置或者完善广播、电子显示装置等气象灾害预警信号传播设施。

③示范区或上级的广播电视台应当及时安排专门的时间或频道,及时准确地传播预警信息。主流电视、报纸和电信媒体等可使用主管机构授权的灾害信息及时准确覆盖传达,并按照相关标准标注信息来源和发布时间。

④省主管机构和省通信管理部门应当建立完善灾害预警信号传播绿色通道,对示范区域实现手机短信全网传播。

⑤基层乡镇人民政府、街道办事处收到灾害预警信号后,应当及时做好辖区内灾害传播和应对工作,采取广播、电话、鸣锣吹哨等多种方式进行广泛传播。

3)预警传播

示范区减灾委应在社区显眼位置安装气象服务电子显示屏和自动气象监测站,气象和消防部门利用现代通信开通"××气象""××消防"微信公众号,让社区居民不用出门便可知道天气等相关资讯、防灾减灾知识和逃生技能等,气象部门建立气象手机短信平台,将示范区副科级以上领导干部、乡镇、村级信息员和村民组长纳入手机短信平台并及时更新,一旦预测有异常天气或有大的降雨发生,立即发送灾害预警信息,及时主动开展"三个叫应"服务,让大家及时掌握相关灾害和实况信息,最大程度减少灾害造成的人民生命财产损失。国土局在社区设置地质灾害观测点,防汛办设置无线广播,并对重点河流和水库安装摄像头实景监测,各村民组配备铜锣等及时告知群众避灾。

### 5.2.5 综合灾害应急响应举措

1)应急预案

为了进一步将防灾减灾工作纳入贵州省地方社会经济发展进程,针对目前应急响应与规划中存在的问题与不足,基于示范区建设试点,制订规划先行、预案保障、政府与社会合作参与的规划预案体系(图5.15)。

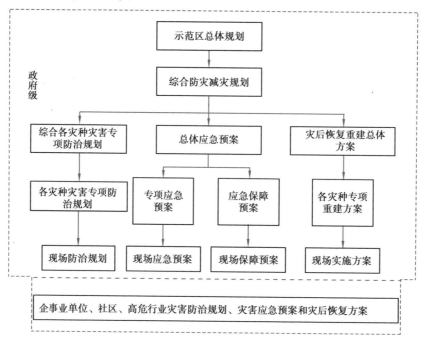

**图 5.15 综合防灾减灾规划和应急预案体系**

首先,基于示范区现状特征,按照区域差异性将综合防灾减灾纳入示范区总体规划,制订切实可行的综合防灾减灾规划,规划综合考虑自然灾害、人为灾害和环境灾害之间的相互关系,进行综合防御规划。其次,示范区县、乡镇(街道)和村(社区)等基层单位以综合防灾减灾规划为基础,制订相应的灾害防治规划、应急预案和恢复重建方案等具体可操作内容。最后,示范区所有事业单位和矿山、化工等高危行业需根据示范区综合防灾减灾规划,参照政府级防治规划、应急预案和恢复方案,制订适合本单位和本行业的灾害防治—应急—恢复方案。

根据示范区灾害基本情况调查研究结果,及时修订灾害应急预案,明确组织指挥体系、应急准备、预警预防和信息管理、预警响应、应急响应、灾后救助与恢复重建等内容;定期组织不同层级、不同灾种的应急演练,针对演练发现的问题及时完善预案;依据区级应急预案,各相关单位、街道(镇)、社区(村)编制本单位应急工作规程。

示范区应急预案建设标准如下:有各灾种的灾害应急预案和综合灾害专项应急预案;示范区各单位部门、乡镇社区、企业等均编制有灾害应急预案;有预案操作手册或灾害应急岗位职责卡;应急预案原则上三年修订一次;应急预案要包含宣传培训计划、应急演练计划、实施方案和演练总结,示范区每年至少开展一次演练;乡镇和社区结合预警传递、紧急转移、警戒设置、避险逃生等应急处置过程,每年至少开展一种演练。

2)应急指挥

贵州省当前灾害应急救援救助体系实行统一指挥、分级应对(图5.16)举措。突发事件应对处置工作,由应急指挥机构统一指挥,各相关方需在应急指挥机构领导下,依照责任划分,开展专项应对处置工作。突发事件由相应的部门实行管理,实行分类管理,分级负责,以属地管理为主,可以有效、迅速和正确应对突发事件,甚至遏制突发事件发生。

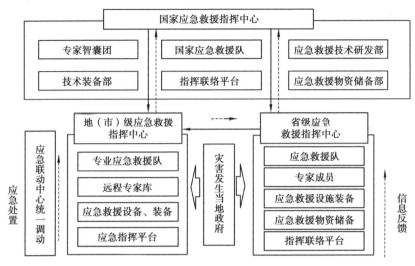

图 5.16　当前应急救援指挥体系

应急救援指挥机构(图 5.16)建设是针对大灾、巨灾型和突发事件应急救援体系的核心组成,建立应急救援指挥体系,形成国家、区域、省、市多级应急救援体系组织网络,是健全统一领导、分类管理、分级负责、条块结合、属地为主、协调合作的应急救援体制的前提,也是确保各级应急救援机构职责到位、资源到位、高效运转的保障。健全全国性、层次化、立体式应急救援指挥体系,是建立全方位、立体化、多层次、综合性应急救援体系的重要内容。

技术队伍是相关部门依托公安消防队伍组织建设,由地震、卫生、安监、市政、环保、水利等部门参与,由救援人员、医疗队员和技术专家组成,配备专业的防灾减灾和搜救器材、具备一定专业技术、重点处置各类突发事件中的专业技术事故的队伍。

目前贵州省综合应急救援在社会及民间团体资源等综合利用方面存在不足。因此,借助综合防灾减灾示范区建设契机,组建基层社区综合防灾减灾队伍,建设基层社区综合防灾减灾队伍,由社区或村委会组织,以社区居民为主体成员,积极动员社区全员参与。在隐患辨识方面,基层居民能够较好地识别灾害隐患的位置及其变化情况,在灾害发生前可以做好应对办法,例如提前预警上报或准备好救灾撤退路线等;社区基层组建一支具备自救与救人能力的救援队,社区救援队能够清晰地掌握本社区范围内相关的物资储备资源,人员具体分布情况及相关救灾路线,能够及时有效地参与灾害救援工作;灾后重建工作方面,社区队伍可以长期参与本地建设工作,有效发挥社区居民的主体作用。

3)应急队伍

(1)加强社区防灾减灾应急队伍建设

建立以社区党支部书记为组长、社区主任为副组长、社区党支部书记副书记和副主任为成员的防灾减灾领导小组。在领导小组下又建立民兵应急救援队、青年志愿者应急救援队、社区巡察救援队、防灾减灾宣传队、后期保障等多个救援工作小组,由各村民组组长、学校校长、企业负责人、返乡创业大学生等担任小组长,积极协助社区开展综合防灾减灾工作,进一步提高社区居民参与能力。

（2）减灾救灾人员体系建设

完善由示范区—街道（镇）—社区（村）三级组成的灾害信息员队伍,健全灾情速报网络,完善灾情报送渠道,确保灾情及影响情况快速上报;街道（镇）要加强灾害信息员和防灾减灾社工或志愿者队伍建设,承担防灾减灾救灾相关工作,并定期开展培训和演练;积极将辖区内医院、企事业单位、社会力量纳入队伍,搭建社会力量参与防灾减灾救灾的服务平台,推动社会力量参与综合减灾工作。

4）恢复重建

灾后恢复重建是指在遭受灾害影响地区及人员在灾害事件后,逐渐恢复灾前的生活和生产秩序,可划分为社区、经济、文化和生活等方面的内容,具体的环节主要有灾后救援救助、善后处置、调查评价、灾后恢复重建及保险理赔等。结合贵州省目前灾后恢复重建的特点,综合考虑示范区单一灾种向综合防灾减灾思路的转变,参考国内外先进的理论与案例,提出喀斯特山区综合防灾减灾示范建设试点的灾后恢复重建体系（图5.17）的设想。

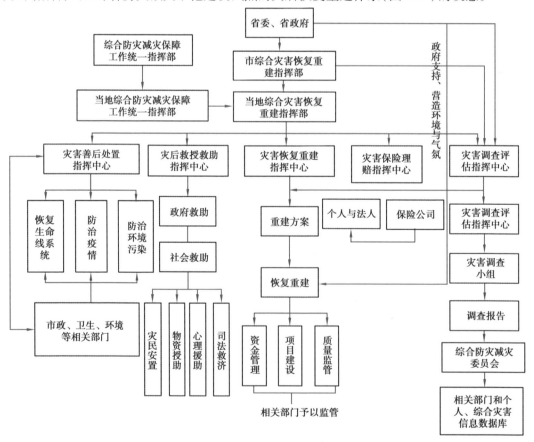

**图 5.17　灾后恢复重建体系**

　　灾后恢复重建工作在省委、省政府的统一领导下,以当地综合灾后恢复重建指挥部和当地政府为主体负责部门,指挥部在重建过程中全程监督指导,综合防灾减灾保障工作统一指挥部协助当地指挥部负责灾后恢复重建的保障工作。成立善后处置指挥中心,协调市政、环境、卫生等部门进行生命线系统恢复、环境污染防治和疫情防治工作。成立灾后救援救助指挥中心,中心通过多渠道获取社会救助、政府救助、企业救助等资源对灾民进行安置,对救灾物资进行统一管放,同时加强灾民的司法和心理救助辅导,建立健全心理救助体系,使灾民早日走出心理阴影。当地成立灾后恢复重建指挥中心,综合调查灾区恢复重建能力、可重复利用资源、物资征用等评估方案,制订当地切实可行的恢复重建方案和补偿标准,加大对资金、建设工程与质量监管。成立灾后保险理赔指挥中心,督导保险公司对受灾投保人开展快速的灾后理赔工作,同时在之后的日常工作中加强对灾害威胁区内的群众和单位的灾害保险政策宣传力度,力争全员投保。成立灾害调查评估指挥中心,组建灾害调查小组,对灾害的成因、性质、损失等予以详细调查,撰写调查报告并给出预案改进和相关责任追究建议。同时及时地对灾后恢复重建能力、可利用资源和征用物质情况进行调查评估,为恢复重建方案的制订提供支撑。将调查报告和重建方案递交省级综合防灾减灾委员会,通报相关部门和个人,并将灾害信息纳入综合灾害信息数据库,相关部门对灾害调查评估过程中的瞒报、漏报行为予以严处。

# 第6章 贵州省喀斯特山区综合防灾减灾示范区建设管理举措

## 6.1 总　则

第一条　为了更好地推进和实施贵州省喀斯特山区综合防灾减灾示范区(县)建设工作,进一步强化和提升区(县)域综合防灾减灾工作和水平,规范全省综合防灾减灾示范区(县)建设和管理,引领和带动区(县)落实灾害防御责任,提高区(县)级行政区划单位综合防灾减灾救灾的技术,增强防灾减灾意识和自救互救能力,最大限度保障人民生命财产安全,降低灾害损失,结合贵州省实际情况,制定本方案。

第二条　贵州省喀斯特山区综合防灾减灾示范区(县)建设依据《中共贵州省委 贵州省人民政府关于推进防灾减灾救灾体制机制改革的实施意见》,贵州省应急管理厅、省发展改革委、省财政厅联合下发的《关于推进实施提高自然灾害防治能力重点工程有关事项的通知》,以及《全国综合减灾示范社区创建管理办法》《全国综合减灾示范县创建管理办法》等相关文件要求,制定本指导方案。

第三条　贵州省喀斯特山区综合防灾减灾示范区(县、市)建设工作开展的原则是坚持政府主导、社会参与;以人为本、科技减灾;以防为主、防抗救相结合;注重长效实效、动态管理的原则。

## 6.2 组织领导

第四条　在省减灾委员会领导下,应急管理部负责组织、指导和协调贵州省综合减灾示范区(县)建设工作。

第五条　建设区的市(县)人民政府综合防灾减灾委员会,负责组织、协调本行政区内的综合防灾减灾示范区创建工作,负责申报的推荐和初审,省级减灾委员会负责考核和验收,并由省级减灾委推荐上报国家级综合防灾减灾示范区(县)推荐工作。

第六条　省、市、县等各级减灾委员会应加强创建工作的组织协调,注重统筹资源,整合力量,发挥各方积极性,为创建工作提供必要的人力、资金和物资支持,探索有效的综合减灾工作模式,形成区域综合减灾工作合力。

## 6.3　建设流程

第七条　贵州省喀斯特山区综合防灾减灾示范区(县)创建程序包括建设、提出申请、材料初审、检查验收、考核评定、评定命名。

第八条　贵州省喀斯特山区综合防灾减灾示范区(县)命名每两个年度进行一次。具体申报、命名时间以省减灾委员会办公室通知为准。

第九条　申报贵州省喀斯特山区综合防灾减灾示范区(县)应符合《贵州省喀斯特山区综合防灾减灾示范区(县)考评标准》确定的条件。

申报贵州省喀斯特山区综合防灾减灾示范区(县)应认真对照《贵州省喀斯特山区综合防灾减灾示范区(县)考评标准》进行自查自评,填写《贵州省喀斯特山区综合防灾减灾示范区(县)评分推荐表》,由区或县人民政府将推荐表和书面申报材料报送市减灾委员会。

第十条　设区的市减灾委员会对申报单位进行检查、评估,并将审查合格的申报材料报省减灾委员会。

第十一条　省减灾委员会对申报材料进行审查,组织省减灾委员会成员单位进行检查验收,提出拟命名区(县)名单并进行公示。

第十二条　公示期满,由省减灾委员会审批、命名、授牌。被评为贵州省喀斯特山区综合防灾减灾示范区(县)建设试点的,创建时间不超过三年,省减灾委员会及相关上级部门需给予必要的支持。

第十三条　考评工作坚持公开、公平、公正的原则,以日常考核与集中考核相结合,上级部门考核与群众评议、社会监督相结合的方式进行。

## 6.4　日常动态管理

第十四条　贵州省喀斯特山区综合防灾减灾示范区(县)实行动态管理。示范区(县)应以获得命名为新起点,坚持巩固与提高相结合,巩固好的经验做法,创新工作方式方法,稳步提高县域综合减灾能力,推动创建工作持续深入开展。

第十五条　设区(县)的市减灾委员会应加强对已命名区(县)的工作指导和规范管理。

每年至少开展一次检查评估,对未达到《贵州省喀斯特山区综合防灾减灾示范区(县)创建标准》的限期整改。每年12月1日前将检查评估情况报省减灾委员会办公室备案。

第十六条　省减灾委员会办公室每三年对已命名的贵州省喀斯特山区综合防灾减灾示范区(县)进行抽查,并将抽查结果通报至被抽查区(县)所属的市人民政府,总结推广经验,纠正存在的问题。

第十七条　被命名为贵州省喀斯特山区综合防灾减灾示范区(县)后,如果出现下列情况之一,省减灾委员会有权利撤销其命名,收回牌匾:

(一)突发自然灾害,由于不作为、疏忽或过失,造成防范不足、应对不力,导致3人以上(含3人)死亡或失踪的。

(二)突发事故、公共卫生事件、社会安全事件,由于不作为、疏忽或过失,造成防范不足,应对不力,导致3人以上(含3人)死亡或失踪的。

(三)设区的上一级减灾委员会检查不符合标准的,或下发整改要求规定期间,仍未达到贵州省喀斯特山区综合防灾减灾示范区(县)创建标准的。

被撤销"贵州省喀斯特山区综合防灾减灾示范区(县)"称号的,自撤销称号之日起,五年内不得再次申报。

## 6.5　附　则

第十八条　本办法由省减灾委员会办公室负责解释。

第十九条　本办法自印发之日起实施。

# 附件 贵州省喀斯特山区综合减灾示范区（县）创建标准（草案）

## 一、基本条件

1. 成立了区（县）综合防灾减灾委员会或综合减灾组织或协调机构，建立了健全工作机制和工作制度。

2. 制定了符合当地实际条件的综合灾害应急救助预案体系，定期组织演练。

3. 基本摸清了区域主要灾害风险隐患，编有综合灾害风险图和隐患清单，并采取了有针对性的防范和治理措施。

4. 建立了有效的灾害信息报送和预警信息发布渠道，预警信息覆盖率达到100%，辖区内每个社区或村至少有两名灾害信息员。

5. 建有较好的应急物资保障体系，每个区（县）均储备有必要的应急物资和救援装备。

6. 建设有应急救援必备设施和应急避难场所。

7. 至少有一个专门的防灾减灾救灾科普宣传教育场馆或应急体验场馆。

8. 区（县）内每个乡镇（街道）均设有应急消防站和综合应急队伍。

9. 近三年无救灾减灾工作不力的情况，无因灾造成人员伤亡或因灾造成的重（特）大事故；救灾资金和物资管理、使用符合规定。

# 二、标准条件

## （一）综合防灾减灾组织管理与运行机制完善

1.建立示范区防灾减灾委员会及相应的保障工作、防治工程、应急处置工作和灾后重建部门或指挥中心，各部门工作机制完善，基础设施完善，配备相应的指挥通信系统，有技术保障人员和管理维护人员，能满足本区域内防灾减灾救灾应急指挥的需要。

2.具有完善的防灾减灾救灾、安全生产、应急救援规章制度，建立灾害会商研判、应急指挥协调、部门协同联动、应急抢险救援、灾害信息共享、社会力量参与、突发事件新闻发布等工作机制并正常运行。

3.示范区综合防灾减灾工作要列入当地经济和社会发展规划，编制切合本区（县）实际的综合减灾规划。

4.把防灾减灾救灾、安全生产、应急救援等工作成效作为对领导班子和领导干部综合考核评价的重要内容。

## （二）编制应急预案和工作规程

1.编制并按时修订灾害应急救助预案，明确如下内容：

（1）组织指挥体系，包括减灾委员会、减灾委员会办公室等。

（2）应急准备，包括资金准备、物资准备、通信和信息准备、装备和设施准备、人力资源准备、社会动员、科技准备、宣传、培训和演练等。

（3）信息管理，包括预警信息、灾情信息等。

（4）预警响应，包括启动条件、启动程序、预警响应、预警响应终止等。

（5）应急响应，包括Ⅰ、Ⅱ、Ⅲ、Ⅳ级响应、信息发布等。

（6）灾后救助与恢复重建，包括过渡性生活救助、冬春救助、倒损住房恢复重建等。

（7）其他，包括灾害救助款物管理、奖励与责任、预案演练、预案更新及管理、制定与解释部门预案生效时间等。

2.依据预案定期组织不同层级、不同灾种的应急演练，针对演练发现的问题，及时完善预案，提升预案的可操作性，每年不少于一次。

3.依据综合灾害应急救助预案编制有应急工作规程。依据应急预案，所属机关、企事业单位、社区等，编制有本部门、本单位的应急工作规程。

## （三）综合灾害风险防控到位

1.完成示范区（县）灾害综合风险普查工作，编制区域单灾种和多灾种综合风险区划，合理划分风险隐患等级,建立重大风险隐患清单,开展针对性治理和防范,定期向社会公开。

2.重大灾后隐患在线监测预警全覆盖,建设灾害综合应急指挥平台。完成对区域内主要建(构)筑物和重要交通生命线、油气管道、电力和电信网络、危化品厂库、水库大坝等重要设施的抗震性能普查鉴定。对未达到抗震设防要求的,采取抗震加固、拆除等措施予以整治。

3.对农村地区防灾减灾救灾工作加大资源和力量投入,出台倾斜性支持政策,组织实施农村地区河道疏通、河堤加固、地质灾害隐患治理、山洪灾害防治、防汛预警预报体系建设、森林草原及人口密集区建筑火灾防治等工作。

4.明确各相关部门安全监管、消防和风险防控职责。建立重点生产经营单位、商贸网点等人口密集区隐患台账,签订安全责任书,按权限范围实施规范管理监督。

5.在人员密集场所设置视频监控系统,安全出口、疏散通道和消防设施符合建设标准要求。有效整治"城中村"、老旧社区、群租房、"三合一"场所、"九小"场所等消防安全问题,推广安装简易喷淋装置和独立式感烟火灾探测报警器。

6.定期对辖区内高层建筑、大型商业综合体、综合交通枢纽、轨道交通、垃圾填埋场(渣土受纳场)等设施安全进行检查。加强对户外广告和招牌设施的管理,确保牢固、安全,不影响建(构)筑物本身的功能。

7.严格落实高危行业企业安全生产管理要求,建有危险化学品安全生产风险监控预警系统,实时接入辖区内化工园区和危险化学品生产企业监测监控数据。建有尾矿库,烟花爆竹、危险化学品管道等高危行业企业安全生产风险监测预警系统,实时接入重点监管企业监测监控数据。

8.强化保险等市场机制在风险分担、损失补偿等方面的作用,制定出台灾害保险、安全生产责任保险实施等有关政策。

(四)防灾减灾基础设施建设配套齐全

1.因地制宜,结合实际抓好省减灾委员会成员单位部署的涉及防灾减灾救灾的重点任务、重大工程、重点项目和重大政策的贯彻落实,重大建设项目符合技术标准要求。

2.综合利用公园、学校操场、市民广场、公共停车场、体育场和部分医院等,按照国家标准建立分布合理、功能齐全、配套完善、管理规范的城市应急避难场所,能够满足居民紧急避难需求,其中避难场地总面积不低于城区常住人口人均 $1\ m^2$ 的标准。社区参照《城市社区应急避难场所建设标准》,因地制宜设置应急避难场所。采用"平灾结合"方式新建一批防灾避险绿地。确保避难场所位置明确、路线与管理人员等信息清晰,并向社会公开。

3.应急避难场所和通往避难场所的关键路口等处,均设置有醒目的安全应急标志和导向指示牌。应急避难场所配套设施齐全,基本能满足受灾人员衣食住医需要。救助、安置、医疗、物资发放等功能分区明确并设有明显的标志。

（五）应急救灾物资与资金充分，管理规范

1.建有县级应急物资储备库，且建设符合贵州省相关技术标准。灾害多发、易发乡镇（街道）建有应急物资储备点，应急物资储备库（点）管理规范有序。

2.救灾物资储备库应按常住人口数量储备价值人均5元（含5元）以上的救灾应急物资。建立完善救灾物资社会化储备机制。乡、镇和街道办事处救灾物资储备点应储备价值2万元（含2万元）以上的救灾应急物资。

3.救灾物资储备应符合当地灾害类型、灾情及救灾工作实际需要。乡、镇和街道办事处储备的基本救灾物资应包括救灾物资（如铁锹、担架、灭火器、消防斧、军用镐、救生圈、冲锋舟等）、通信设备（如喊话筒、报警器、对讲机等）、照明工具（如手电筒、应急灯等）和医用、生活类物资（如应急药包、防毒面具、防护服、棉衣被、帐篷、水桶、绝缘鞋等）。

4.建立应急物资社会储备机制，积极与县域内大型商场超市、企业等合作开展应急物资协议储备，保障灾后生活物资和应急救援设备供给。

5.鼓励和引导居民家庭储备必要的应急物品，如逃生绳、灭火器、手电筒、常用药品等，推广使用家庭应急包。

6.规范管理和使用防灾减灾救灾、安全生产、应急救援等方面的补助、奖励等财政资金，拓展防灾减灾救灾资金来源渠道，制定吸引社会投资的政策措施，取得较好成效。鼓励家庭、个人对防灾减灾救灾的投入。

（六）防灾减灾救灾人员体系建设完备

1.社区或村设立灾害信息员，至少一名专职，承担灾情报送和防灾减灾救灾等工作。对灾害信息员实行工作补贴制度。

2.成立一支专业的综合应急救援队伍，专业人员类型、数量等符合标准要求，队伍配备必要的应急救援装备，并开展相应的应急救援训练，提高应急救援能力。

3.乡、镇、街道办事处全部成立防灾减灾社工或志愿者队伍，承担防灾减灾有关工作。积极培育和发展防灾减灾救灾、安全生产、应急救援等领域社会力量，并定期开展相应训练。

4.辖区内的医院积极承担医疗救援工作，提高受灾伤病员的救护能力。

（七）经常开展防灾减灾宣教、培训和演练活动

1.对开展经常性的防灾减灾宣传教育活动作出部署，利用全国防灾减灾日、全国消防日等节日为契机，利用公共活动场所或设施开展日常防灾减灾宣传活动，推进安全知识和自救互救技能进企业、进农村、进社区、进学校、进家庭。

2.充分利用广播、电视、电影或短视频等媒体平台，创新使用网络公开课、新媒体直播、在线访谈、VR虚拟场景模拟等形式，综合利用公交站台橱窗、公共区域电子显示屏等设施开展防灾减灾、安全生产、应急救援等主题宣传。

3.在社区多功能活动室、图书室等场所,设置防灾减灾科普宣传教育专区,张贴符合当地特征的防灾减灾法律法规和有关常识,免费发放灾害风险图、隐患清单、应急预案流程图和应急指导手册等,方便居民学习了解。

4.建立专门的综合防灾减灾科普宣传教育馆或应急体验馆,统筹利用其他公共场馆加强公众防灾减灾救灾教育培训,为中小学生、老年人、残疾人等不同社会群体提供体验式、参与式科普宣传教育服务。

5.定期对乡(镇、街道办事处)、村(城乡社区、居委会)两级灾害信息员进行培训,每年不少于一次。

6.采取实战演练方式,每年至少组织一次综合性应急演练。各行业领域企、事业单位结合自身实际,每年至少组织开展一次应急演练。针对社区突出灾害风险,每半年至少开展一次以防火、防震、防洪、防地质灾害等为主要内容的社区应急演练。参加演练人员涵盖政府有关部门人员、医疗救护人员以及社会组织人员、企事业单位员工和社区居民等。其中社区居民参与比例不低于演练参与总人数的25%。

## (八)防灾减灾工作成效

1.进一步深入开展综合减灾示范社区创建活动。每年创建一个以上全国综合减灾示范社区、两个以上全省综合减灾示范社区,保障近三年农村地区综合减灾示范社区数量持续增加。

2.辖区城乡居民、机关和企事业单位防灾减灾意识强,避灾自救技能强。

3.影响区域范围内城乡居民基本知晓紧急避难路线、避难场所。

4.有动员城乡居民以社区(自然村)为单位参与各类防灾减灾活动的机制。

## (九)管理考核制度健全

1.建立综合减灾绩效考核工作制度。制定人员日常管理、防灾减灾设施维护管理等制度。

2.每年对综合防灾减灾各项工作有部署、有检查。

3.建立健全综合减灾工作考核机制。开展综合防灾减灾工作考核,针对不足制定整改措施,督促职能部门按时保质保量落实整改。

## (十)综合防灾减灾工作具有地方特色

1.对推动全省喀斯特区域综合减灾工作具有开创性和示范性工作经验,被设区的市及以上推广。

2.在灾害机理、监测预报和风险管控等方面做出突出贡献,经验做法被设区的市及以上推广。

3.在应急救援或紧急事件处置中措施及时得力,经验做法被设区的市及以上推广。

《贵州省喀斯特山区综合防灾减灾示范区创建标准》评分参考表

| 一级指标 | 二级指标 | 评定内容 | 满分分值/分 | 考核分值/分 |
|---|---|---|---|---|
| 1 组织管理与运行机制(10分) | 1.1 成立组织机构 | 成立减灾委员会或类似综合协调机构,有明确承担减灾委员会办公室职能的办事机构,有成立减灾委员会及其办公室的正式文件 | 2 | |
| | 1.2 建立工作制度、运行机制 | 减灾委员会及其办公室建立工作制度和运行机制,建立灾害会商研判、应急指挥协调、部门协同联动、应急抢险救援、灾害信息共享、社会力量参与、突发事件新闻发布等工作机制并正常运行 | 3 | |
| | 1.3 发展规划 | 综合防灾减灾工作列入当地国民经济和社会发展规划;编制本级综合减灾规划;规划内容符合当地实际,具有可操作性 | 3 | |
| | 1.4 考核制度 | 综合防灾减灾考核和奖励性办法 | 2 | |
| 2 应急预案、工作规程(8分) | 2.1 编制并修订预案 | 制定灾害应急预案,预案内容完整且符合当地实际,按时修订预案确保预案的法律效力 | 3 | |
| | 2.2 预案可操作性 | 依据预案定期组织演练,熟悉预案内容,每年不少于一次;针对演练发现的问题,及时完善预案,提高预案的可操作性 | 2 | |
| | 2.3 编制应急规程 | 涉灾部门根据预案编制应急工作规程;所属机关、企事业单位、社区等依据政府应急预案,编制本部门、本单位的应急工作规程 | 3 | |
| 3 综合灾害风险防控(10分) | 3.1 开展风险排查防治 | 开展灾害风险普查,制定灾害风险图;定期或根据灾情预测在辖区内部署开展灾害风险隐患排查整治 | 3 | |
| | 3.2 重大隐患监测、防抗鉴定与整治 | 开展重大灾后隐患在线监测预警,建设灾害综合应急指挥平台;进行重要设施鉴定和整治 | 3 | |
| | 3.3 农村综合资源投入与工程防治措施 | 农村偏远地区支持性政策与综合灾害防治体系建设工作开展实施情况 | 2 | |
| | 3.4 安全责任、安全检查与风险分担 | 签订人口密集区、高层建筑等综合体消防设施及安全检查、安全责任书;危化品管理与监控;安全生产责任险等落地情况 | 2 | |

| 一级指标 | 二级指标 | 评定内容 | 满分分值/分 | 考核分值/分 |
|---|---|---|---|---|
| 4 基础设施建设与配套(10分) | 4.1 重点工程项目实施 | 对示范区重大工程项目和政策的规划部署、落地实施和建设项目进行有效性评估 | 3 | |
| | 4.2 避难场建立 | 利用新建或现有场地,建设和完善辖区内的应急避难场所;避难场所位置明确、安置人数、管理人员等信息透明,并向社会公开 | 3 | |
| | 4.3 设置标识或指示牌 | 避难场所设有醒目的应急标志;通往避难场所的关键路口设有导向指示牌 | 2 | |
| | 4.4 避难场所功能齐全 | 应急避难场所配套设施齐全,基本能满足受灾人员衣、食、住、医需要。明确功能分区并设有明显的标示功能区的指示牌 | 2 | |
| 5 应急救援物资、资金、管理(12分) | 5.1 资金投入情况 | 救灾减灾经费列入本级财政预算,保障综合减灾人、财、物和技术等方面有必要的投入 | 3 | |
| | 5.2 物资储备设施配套 | 建有救灾物资储备库或相关设施;乡、镇、街道办事处设有救灾物资储备点 | 3 | |
| | 5.3 物资储备充足 | 物资储备库按常住人口数量,储备物资是否达到要求;必要的应急物资储备情况 | 2 | |
| | 5.4 储备物资符合灾情需要 | 救灾物资符合当地灾害特点和救灾工作需要;常用的救援工具、通信设备、照明工具、药品和生活物质情况 | 2 | |
| | 5.5 物资与资金管理 | 救灾款、物管理符合国家、省有关规定,严格管理,依法依规使用 | 2 | |
| 6 人员体系建设(10分) | 6.1 建立灾害信息员 | 社区或村设立灾害信息员,至少一名专职,承担灾情报送和防灾减灾救灾等工作。对灾害信息员实行工作补贴制度 | 2 | |
| | 6.2 成立应急救援队伍与训练 | 成立专业的综合性灾害应急救援队伍,配套相关人员、装备和救援训练情况 | 3 | |
| | 6.3 成立志愿者队伍 | 社区或企业志愿者队伍建设情况及相关技能培训 | 3 | |
| | 6.4 伤病救护能力 | 辖区内医院积极承担医疗救援工作,提高受灾伤病员的救护能力 | 2 | |

续表

| 一级指标 | 二级指标 | 评定内容 | 满分分值/分 | 考核分值/分 |
|---|---|---|---|---|
| 7 宣教、培训与演练（12分） | 7.1 宣教活动部署 | 宣教活动部署安排情况；借助关键时间节点，进行灾害宣教情况 | 3 | |
| | 7.2 建立专门的场地及日常宣教情况 | 建立专门的综合防灾减灾科普宣传教育馆或应急体验馆；利用媒体、公共场所或设施开展科普宣传、防灾减灾知识和避险自救技能 | 3 | |
| | 7.3 灾害信息员培训 | 定期对乡（镇、街道办事处）、村（城乡社区、居委会）两级灾害信息员进行培训，每年不少于一次 | 3 | |
| | 7.4 实战演练 | 每年至少组织一次综合性应急演练；社区居民参与比例不低于演练参与总人数的25% | 3 | |
| 8 综合工作成效（10分） | 8.1 社区创建 | 每年创建一个以上全国综合减灾示范社区；每年创建两个以上全省综合减灾示范社区 | 3 | |
| | 8.2 防灾意识与自救 | 辖区城乡居民、机关和企事业单位防灾减灾意识强，避灾自救技能强 | 3 | |
| | 8.3 知晓避难场所 | 城乡居民基本知晓避难场所位置及行走路线 | 2 | |
| | 8.4 有动员机制 | 有动员城乡居民以社区（自然村）为单位参与各类防灾减灾活动的机制 | 2 | |
| 9 管理与考核（8分） | 9.1 建立考核制度 | 制定人员日常管理、防灾减灾设施维护管理等制度 | 3 | |
| | 9.2 部署检查 | 每年对综合防灾减灾各项工作有部署、有检查 | 3 | |
| | 9.3 落实整改措施 | 开展综合防灾减灾工作考核，针对不足制定整改措施，督促职能部门按时、保质保量落实整改 | 2 | |
| 10 加分项：创建特色（10分） | 10.1 对推动全省喀斯特区域综合减灾工作具有开创性和示范性工作经验，被设区的市及以上推广 | | 4 | |
| | 10.2 在灾害机理、监测预报和风险管控等方面做出突出贡献，经验做法被设区的市及以上推广 | | 4 | |
| | 10.3 在应急救援或紧急事件处置中及时得力，经验做法被设区的市及以上推广 | | 2 | |
| 总 分 | | | | |

# 参考文献

[1] 张建华,陈海峰.创新驱动战略与战略性新兴产业健康发展[J].唯实,2017(7):44-47.

[2] 王学东,冯姗,胡春.基于块资源模型的战略性新兴产业共性化信息需求机理研究[J].情报学报,2020,39(2):208-216.

[3] 汪俊.基于 SWOT 分析的贵州省生态文明建设探究[J].市场研究,2019(12):27-28.

[4] 贾敏,雷显兵,罗时琴,等.旅游资源视角下的贵州研学旅游发展前景研究[J].绿色科技,2019(5):191-194.

[5] 李宗发.贵州喀斯特地貌分区[J].贵州地质,2011,28(3):177-181,234.

[6] 陈拙.含矿岩系地层上覆土壤重金属的分布及潜在生态风险:以黔东清虚洞组为例[D].贵阳:贵州大学,2019.

[7] 王永超.中国西南岩溶区农业洪涝灾害脆弱性评价研究[D].贵阳:贵州师范大学,2017.

[8] 王中美.贵州碳酸盐岩的分布特征及其对岩溶地下水的控制[J].地质与勘探,2017,53(2):342-349.

[9] 黄辛果.贵州西部岩溶山区水土流失背景与生态环境治理对策分析[D].贵阳:贵州大学,2008.

[10] 宋小庆,彭钦,王伟,等.贵州岩溶区浅层地下水氯化物及硫酸盐环境背景值[J].地球科学,2019,44(11):3926-3938.

[11] 于洪蕾.极端气候条件下我国滨海城市防灾策略研究[D].天津:天津大学,2016.

[12] 李程.A 地质灾害自动化监测工程项目风险管理研究[D].北京:中国地质大学,2019.

[13] 王江波.我国城市综合防灾规划编制方法研究[J].规划师,2007,23(1):53-55

[14] 李滨,殷跃平,高杨,等.西南岩溶山区大型崩滑灾害研究的关键问题[J].水文地质工程地质,2020,47(4):5-13.

[15] 徐小晗.防灾理念下济南市社区韧性评价体系及规划策略研究[D].济南:山东建筑大学,2020.

[16] 王继辉,杨明,顾小林,等.贵州喀斯特地区洪涝灾害特征及减灾对策[C]//贵州省自然科学优秀学术论文集,2005:455-458.

[17] 张波,谷晓平,古书鸿.贵州省最大日降雨量时空分布及重现期估算[J].水土保持研究,2017,24(1):167-172.

[18] 楚文海.脆弱生态约束下典型喀斯特流域水资源可持续利用评价[D].贵阳:贵州大学,2007.

[19] 罗贵荣,李兆林,梁小平.广西岩溶石山区洪涝灾害成因与防治对策研究:以马山岩溶地下河流域为例[J].安全与环境工程,2010,17(1):6-9.

[20] 孙钰霞,李林立,魏世强.喀斯特槽谷区表层喀斯特水化学的暴雨动态特征[J].山地学报,2012,30(5):513-520.

[21] 谢清霞,谷晓平,刘彦华,等.夏半年西南暴雨洪涝灾害变化特征及其与大气环流的关系[J].云南大学学报(自然科学版),2019,41(S1):58-64.

[22] 严亚,商崇菊.贵州省2016年洪涝灾害调查与灾情评估分析[J].中国防汛抗旱,2018,28(5):39-42.

[23] 王明章.贵州省水文地质工作思考[J].贵州地质,2012,29(2):81-85.

[24] 罗增强,池再香.对2008年初贵州持续冰冻灾害天气的分析[J].贵州气象,2008,32(5):26-27.

[25] 全员联动-协同应对-夺取抗击凝冻胜利:贵州省成功应对2011年严重凝冻灾害的实践与启示[J].中国应急管理,2014(2):36-40.

[26] 华兴,姜福,刘天强.贵州省地下水资源利用与保护管理对策分析[J].资源信息与工程,2016,31(2):71-72.

[27] 陈百炼,杨富燕,彭芳.凝冻灾害特征及其天气成因分析[J].自然灾害学报,2020,29(1):175-182.

[28] 许丹,罗喜平.贵州凝冻的时空分布特征和环流成因分析[J].高原气象,2003(4):401-404.

[29] 丁雄军.贵阳市抗击重大凝冻灾害的应急实践[J].中国应急管理,2011(8):32-35.

[30] 黄晨然,白慧,杨娟.贵州冬季凝冻特征及环流分型研究[J].贵州气象,2017,41(3):10-16.

[31] 魏明禄.凝冻灾害危机管理研究[D].武汉:华中科技大学,2012.

[32] 周蕊.中国西南岩溶区旱涝灾害演变机理探究[D].桂林:桂林理工大学,2014.

[33] 白慧,柯宗建,吴战平,等.贵州冬季冻雨的大尺度环流特征及海温异常的影响[J].高原气象,2016,35(5):1224-1232.

[34] 冯禹,崔宁博,徐燕梅,等.贵州省干旱时空分布特征研究[J].干旱区资源与环境,2015,29(8):82-86.

[35] 张娇艳,李扬,白慧,等.贵州雨凇灾害指标初探[J].贵州气象,2015,39(3):1-5.

［36］李军,袁维刚,商崇菊,等.凝冻天气对贵州省水利设施的影响分析［J］.灌溉排水学报, 2008,27(5):51-54.

［37］杜小玲,高守亭,许可,等.中高纬阻塞环流背景下贵州强冻雨特征及概念模型研究［J］. 暴雨灾害,2012,31(01):15-22.

［38］王尚彦,刘家仁.贵州地震的分布特征［J］.贵州科学,2012,30(2):82-85.

［39］王笑.贵州省森林火灾的成因及预防措施探讨［J］.贵州林业科技,2012,40(1):61-64.

［40］张润琼,刘艳雯,姚刚,等.2008年贵州罕见低温雨雪冰冻灾害成因及影响分析［J］.热 带地理,2009,29(4):319-323,334.

［41］马春晓.贵州建立农村消防工作长效机制避免因火致灾因灾返贫［N］.法制生活报, 2020-07-21.

［42］梁萍萍.喀斯特地区植被变化与地表反照率响应特征研究［D］.贵阳:贵州师范大 学,2020.

［43］李繁彦.台北市防灾空间规划［J］.城市发展研究,2001(6):1-8.

［44］王丽媛.毕节:气象民政地震共建综合减灾示范社区［N］.中国气象报社,2018-08-24.

［45］罗雄鹰.贵州省应急管理厅探索建立风险研判工作新机制［N］.中国安全生产网,2019- 06-06.

［46］徐娜,田琳.坚持常态减灾与非常态救灾相统一,全面提高全社会抵御灾害风险能力: 专访贵州省人民政府副省长、省减灾委员会主任陈鸣明［J］.中国减灾,2016(3):9-13.

［47］欧阳小芽.城市灾害综合风险评价［D］.赣州:江西理工大学,2010.

［48］方韶东.习近平关于防灾减灾救灾重要论述的科学内涵［J］.中国应急管理科学,2020 (2):40-47.

［49］黄毓晟.防火监督检查的现状与对策［J］.今日消防,2020,5(11):125-126.

［50］张广泉.筑牢防灾减灾救灾的人民防线-从第十二个全国防灾减灾日说起［J］.中国应急 管理,2020(7):11-13.

［51］王宏伟.提升首都应急管理体系与能力现代化的路径思考-领会习近平总书记在中共中 央政治局第十九次集体学习上的讲话精神［J］.城市与减灾,2020(1):27-30.

［52］王宏伟.健全应急管理体系的五大路径:对新冠肺炎疫情的思考［J］.劳动保护,2020 (3):13-16.

［53］刘传正,刘秋强,吕杰堂.地质灾害防治规划编制研究［J］.灾害学,2020,35(1):1-5.

［54］张然,高兴利.内蒙古干旱成因及抗旱举措初探［J］.内蒙古水利,2020(1):55-57.

［55］王哲,王锐.我国疾控机构自然灾害卫生应急能力的发展与展望［J］.疾病监测,2020,35 (9):789-792.

［56］王跃荣.加强应急管理体系和能力建设的几个着力点［N］.中国应急管理报,2020-04-25 (007).

［57］肖小林,赵盼弟,张莉,等.喀斯特地区地质灾害防治研究:以贵州省沿河土家族自治县

为例[J].农业科技与信息,2019(11):45-49.

[58] 葛永刚,崔鹏,陈晓清."一带一路"防灾减灾国际合作的战略思考[J].科技导报,2020,38(16):29-34.

[59] 张再生,孙雪松.基层应急管理:现实绩效、制度困境与优化路径[J].南京社会科学,2019(10):83-90.

[60] 史培军,江明,廖永丰.全国自然灾害综合风险普查工程:开展全国自然灾害综合风险普查的背景[J].中国减灾,2020(1):42-45.

[61] 《当代农村财经》编辑部.中共中央国务院关于推进防灾减灾救灾体制机制改革的意见[J].当代农村财经,2017(3):37-40.

[62] 盛勇,孙庆云,王永明.突发事件情景演化及关键要素提取方法[J].中国安全生产科学技术,2015,11(1):17-21.

[63] 张东海,段莹,周文钰,等.贵阳市暴雨强度公式推求[J].城市道桥与防洪,2016(1):95-99,11-12.

[64] 陈姝婕.低影响开发视角下城市综合公园规划设计应用研究[D].北京:北京林业大学,2020.

[65] 刘野,逯跃锋,孟庆祥,等.耦合水文和神经网络的城市积水动态风险评价[J].测绘科学,2020,45(8):174-180.

[66] 黄晨然,白慧,杨娟.贵州冬季凝冻特征及环流分型研究[J].贵州气象,2017,41(3):10-16.

[67] 魏明禄.凝冻灾害危机管理研究[D].武汉:华中科技大学,2012.

[68] 刘兴旺.贵州省自然灾害应急管理机制研究[D].贵阳:贵州财经大学,2012.

[69] 余婷.广西干旱区类型划分及农村治旱对策研究[D].桂林:广西师范学院,2011.

[70] 李佳.贵州省玉米干旱灾害风险评估[D].郑州:华北水利水电大学,2016.

[71] 宗燕.冬小麦干旱灾害风险评估[D].江苏:南京信息工程大学,2013.

[72] 郑石桥.论突发公共事件审计时机[J].财会月刊,2020(15):84-87.

[73] 田艳秋.企业应急志愿者管理标准体系建设初探[J].标准科学,2020(10):11-14,35.

[74] 卢頔.村镇震后应急救援及重建的决策方法与模型研究[D].哈尔滨:哈尔滨工业大学,2017.

[75] 唐德龙.喀斯特地区农村震害防御系统设计与实现[D].长沙:湖南大学,2015.

[76] 严立冬.可持续发展战略与农业自然灾害防治[J].农业经济问题,1998(7):33-36.

[77] 费文君.城市避震减灾绿地体系规划理论研究[D].南京市:南京林业大学,2010.

[78] 毕于瑞,马东辉,苏经宇,等.城市抗震防灾空间布局研究初探[J].工程抗震与加固改造,2008(2):118-121.

[79] 苏静文,潘岑,石开银,等.贵州省突发事件预警信息发布现状分析[J].中低纬山地气象,2019,43(6):100-104.

[80] 徐波.城市防灾减灾规划研究[D].上海:同济大学,2007.

[81] 李引擎,季广其,肖泽南,等.城市建筑火灾损失与防火安全水平的评价[J].建筑科学,1998(6):9-15,30.

[82] 陈曼英.基于模糊理论的地铁火灾风险评估及控制研究[D].泉州:华侨大学,2013.

[83] 袁幼哲.高层民用建筑电气防火设计的注意事项[J].甘肃科技,2003(11):115-116.

[84] 常玉锋,贾沛.危险化学品储罐区重大危险源安全分析[J].广州化工,2011,39(6):187-190.

[85] 朱燕玲,黄韬.浅析高层建筑消防电气设计:火灾自动报警系统的设置[J].中国新技术新产品,2012(17):131-132.

[86] 吴岩.生产作业区重大危险源评估方法研究[J].中国安全生产科学技术,2012,8(3):158-164.

[87] 张力英.高层建筑防火功能评价指标体系研究[D].天津:天津理工大学,2012.

[88] 张泽文.煤矿周边建筑施工中的危险源识别与评价体系研究[J].煤炭技术,2013,32(8):155-157.

[89] 任贵红,张苗,谢飞,等.基于模糊数学和灰色关联分析的化工储罐区火灾风险评估研究[J].中国安全生产科学技术,2013,9(2):105-111.

[90] 宋耀宇.石油库事故后果严重度的模糊综合评价研究[J].科技创新导报,2012(15):2-3.

[91] 胡玉珠.森林防火信息化建设与新技术应用[J].江西农业,2020(12):51.

[92] 周雪,张颖.中国森林火灾风险统计分析[J].统计与信息论坛,2014,29(1):34-39.

[93] 蒋琴,钟少波,朱伟.京津冀地区森林火灾综合风险评估[J].中国安全科学学报,2020,30(10):119-125.

[94] 胡大春,陈开伟.加强森林防火信息化建设的重要性及新技术应用探讨[J].绿色科技,2014(12):196-197.

[95] 张念慈,许志峰.基于灾害经济理论的林火灾害风险识别初探[J].林业勘查设计,2018(3):112-114.

[96] 杨继瑞.汶川地震灾区城镇住房重建的思考与对策[J].社会科学研究,2009(4):8-14.

[97] 刘福,秦军.森林防火灭火中的无人机应用探讨[J].福建林业科技,2016,43(4):220-223.

[98] 董晓燕.贵州县域经济发展的制约因素及路径选择[J].经济研究导刊,2014(33):62-63.

[99] 田慧,吴岚.我国气象灾害防御的法治化探析[J].现代农业科技,2017(10):201-204.

[100] 刘红红.重庆市综合防灾减灾体系构建研究[D].重庆:西南大学,2014.

[101] 王媛媛.基于受灾群体生理心理需求的地震应急避难设施设计研究[D].西安:西安建筑科技大学,2014.

[102] 蔡仲爱.完善机制多措并举努力提升救灾物资应急保障能力[J].中国减灾,2016(7):32-33.

[103] 石宁,罗艳丽.昌吉:城市地质灾害成因及其预防措施[J].区域治理,2019(44):23-25.

[104] 陈灵利.工业园区防灾避难场所规划选址研究[D].唐山:华北理工大学,2015.

[105] 贵州省气象预报预警信息发布与传播管理办法[N].贵州日报,2020-04-14(004).

[106] 钟丹华.社区救灾队伍建设研究[J].防灾博览,2019(5):62-65.

[107] 刁益韶,冯悦寅,常江,等.危险化学品企业重大危险源应急管理问题及对策[J].化学工程与装备,2020(3):247-249.

[108] 黄蓉,闫福春.农村气象灾害应急准备认证标准的探讨[J].浙江农业科学,2016,57(1):96-98.

[109] 李仑,郎亚娟.提高居民防灾减灾和自救互救技能[N].中国应急管理报,2020-04-27(002).